结构脂的酶法制备及性质

王　强　向小凤　著

科学出版社

北　京

内 容 简 介

在天然甘油三酯的所有组成类型中，*n*-3 长链多不饱和脂肪酸位于 *sn*-2 位置时，其吸收效果要优于位于 *sn*-1,3 位置或随机分布状态。本书系统介绍酶解法制备 *sn*-2 长链多不饱和脂肪酸单甘酯，并在单甘酯 *sn*-1,3 位引入辛酸成功合成 MLM 型结构脂的方法。在探究 *sn*-2 长链多不饱和脂肪酸单甘酯和 MLM 型结构脂的合成条件及影响因素的基础上，还对 *sn*-2 长链多不饱和脂肪酸 MLM 型结构脂理化特性、氧化稳定性与其结构特征的内在关系及相互影响机制进行了推演。通过 *sn*-2 长链多不饱和脂肪酸结构脂对小鼠餐后血脂及肥胖预防效果的研究，基本明晰了结构脂立体空间脂肪酸的种类与生理功能之间的内在联系。希望本书能够为我国功能性食用油脂的高质量发展提供理论与技术支撑。

本书可供油脂化学、食品科学等相关行业的科学研究与工程技术人员参考使用。

图书在版编目（CIP）数据

结构脂的酶法制备及性质 / 王强，向小凤著. -- 北京 ：科学出版社，2024. 6. -- ISBN 978-7-03-078857-3

Ⅰ. TS201.2

中国国家版本馆 CIP 数据核字第 202487DQ95 号

责任编辑：贾 超 孙静惠 / 责任校对：杜子昂
责任印制：徐晓晨 / 封面设计：东方人华

科 学 出 版 社 出版
北京东黄城根北街 16 号
邮政编码：100717
http://www.sciencep.com
北京中石油彩色印刷有限责任公司印刷
科学出版社发行 各地新华书店经销
*
2024 年 6 月第 一 版 开本：720×1000 1/16
2024 年 6 月第一次印刷 印张：9 1/4
字数：180 000
定价：98.00 元
（如有印装质量问题，我社负责调换）

前　言

油脂作为人体所需的六大营养素之一，不仅能够给人们提供能量，还在人体内部发挥着不可替代的作用。近年来，通过对脂肪进行改性，开发出易消化、抗肥胖、具有功能性成分的结构脂质已经成为油脂研究领域新的热点。结构脂质是采用化学法或酶法改变甘油三酯碳链骨架上脂肪酸组成或者位置分布得到的具有特定分子结构、特殊功能作用的一类甘油三酯。由于甘油三酯骨架特定位置上连接了具有特殊营养或生理功能的脂肪酸，所以结构脂在保留天然油脂的部分或全部性质外，还能够最大限度发挥各种脂肪酸的功能，被认为是"新一代食用油脂"和"未来的油脂"。

结构脂在其结构上的差异不仅包含接入甘油三酯骨架上脂肪酸的不同种类，也包含脂肪酸在甘油骨架上的随机/选择性定位效应。相比于传统的油脂加工技术，生物酶技术普遍具有绿色低碳、提质高效、柔性适度等优势，对于定向生产高品质营养食用油脂产品、油脂适度加工具有重要的现实意义。基于此，本书以未来油脂功能性和构效特点为核心，聚焦 MLM 型结构脂的制备和工艺合成，分别从结构脂质分类、制备及分析技术、酶法合成技术影响因素、物化特性、氧化特性、生物学代谢六个方面，系统全面地介绍了 sn-2 位 MLM 型长链结构脂的制备技术及物化性质，希望能够为我国功能性食用油脂高质量的发展提供理论与技术支撑。

本书由重庆第二师范学院王强、向小凤执笔完成，研究工作得到国家自然科学基金（31401559）、重庆市教育委员会科学技术研究计划（重大）项目（KJZD-M202301602）、重庆市技术创新与应用发展（重点）专项项目（CSTB2023TIAD-KPX0041）、重庆市博士"直通车"科研项目（CSTB2022BSXM-JCX0166）、重庆第二师范学院科研平台建设项目（2021XJPT02）等资助，特此鸣谢！

本书可供油脂化学、食品科学等相关行业的科学研究与工程技术人员参考使用。由于时间仓促，加之作者水平有限，难免存在纰漏之处，恳请读者提出宝贵意见。

王　强

2024 年 6 月

目　　录

第1章 结构脂质概述

1.1 结构脂质的定义

结构脂质（structural lipids，SLs）简称结构脂，是指经化学法或酶法改变甘油三酯碳链骨架上脂肪酸组成或者位置分布得到的具有特定分子结构、特殊功能作用的一类甘油三酯（triacylglycerols，TAGs，图 1-1）。结构脂在其结构上的差异不仅包含接入甘油三酯骨架上脂肪酸的不同种类，也包含脂肪酸在甘油骨架上的随机/选择性定位效应（外侧的 sn-1 和 sn-3 位，或中间的 sn-2 位）。由于甘油骨架特定位置上连接了具有特殊营养或生理功能的脂肪酸，所以结构脂除保留天然油脂的部分或全部性质外，还能够最大限度发挥各种脂肪酸的功能，其在食品物性以及营养功能方面的显著优势已引起了国内外学者的广泛关注，被认为是"新一代食用油脂"和"未来的油脂"。

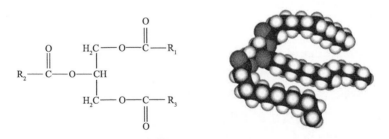

图 1-1　结构脂质的化学结构示意图

狭义而言，结构脂质是在甘油结构的一定位置上配置特定脂肪酸的油脂。脂质的营养及功能特性归根到底与其本身所含脂肪酸的种类、数量（包括饱和脂肪酸、单不饱和脂肪酸及多不饱和脂肪酸）及这些脂肪酸在甘油基上的位置分布，即甘油三酯的结构有关，同时也涉及与油脂相伴随的类脂物的种类与含量。基于脂质代谢学、营养学、现代医学研究成果设计的结构脂质，通过改变三酰甘油骨架上脂肪酸组成及位置分布，最大限度降低了油脂本身潜在的危害，除具备天然油脂的某些特性外，还具有特殊的营养价值与生理功能，最大限度地发挥了油脂的有益作用。

1.2 结构脂质的分类

结构脂质并不是甘油三酯经过简单混合形成的混合物，而是将不同脂肪酸以交叉组合的方式与甘油碳链骨架酯化后形成结构多样的甘油三酯。结构脂质有两种公认的分类形式，一种是基于脂肪酸碳链长度分类。脂肪酸可分为短链脂肪酸（S，少于 6 个碳原子）、中链脂肪酸（M，6～12 个碳原子）和长链脂肪酸（L，多于 12 个碳原子）。因此，基于甘油三酯中 sn-1、sn-2 及 sn-3 位置的差异和脂肪酸碳链的长度，结构脂质可划分为 sn-1-短链-2-中链-3-短链型（SMS）、sn-1-短链-2-长链-3-短链型（SLS）、sn-1-长链-2-中链-3-长链型（LML）、sn-1-中链-2-长链-3-中链型（MLM）、sn-1-中链-2-中链-3-中链型（MMM）、sn-1-中链-2-长链-3-长链型（MLL）等多种结构类型。

此外，结构脂质还可以基于结构的对称性进行分类：非对称性结构脂和对称性结构脂。其中，对称性结构脂还包括单酸型对称结构脂（2-MAG）和二酸型对称结构脂（1,3-DAG），非对称结构脂包括二酸型非对称结构脂（1,2-DAG）和三酸型非对称结构脂（MLM 或 MMM 等）。有证据表明，结构脂的脂肪酸组成及其在甘油碳链骨架上的位置均与天然油脂原料有所不同，这些不同使得结构脂在物理、化学性质上与天然油脂有较为明显的差异，特别是在油脂结晶构型、界面配向性、氧化稳定性和低热值等方面有较大的差异。

1.3 结构脂质的构效关系

越来越多的学者发现，甘油三酯中脂肪酸的结合位置对油脂质量及功能更加重要。众所周知，结构脂质并不是几种脂肪酸甘油酯经简单掺杂而形成的混合物，而是将不同脂肪酸以交叉组合的方式与甘油碳链骨架形成结构多样的甘油三酯。有证据表明，结构脂质的脂肪酸组成及其在甘油碳骨架上的位置与天然原料都有所不同，组成和结构上的差异使得结构脂在物理、化学性质上有较为明显的差异，特别是在结晶构型、界面特性、溶解性和低热值等方面。X 衍射和红外光谱研究证实，甘油三酯中甘油骨架上的酰基种类决定了结构脂质的结晶型态，结构的改变可以有效增加其溶解性，降低脂质的比热容。已有大量研究报道，ω-3 多不饱和脂肪酸（ω-3PUFA）、ω-6 多不饱和脂肪酸（ω-6PUFA）、二十碳五烯酸（EPA）、二十二碳六烯酸（DHA）、共轭亚油酸（CLA）、二十碳四烯酸（AA）等功能性脂肪酸对于稳定细胞膜功能、调控基因表达、维持细胞因子和脂蛋白平衡、抗心血管疾病、促进生长发育等方面具有明显的改善作用。因此，明晰结构脂质的理化性质与其结构特点之间的关系尤为重要，它不仅可以通过优化油脂结构改良油脂的理化性质，而且有助于提高结构脂质在生物体内的生理作用效果及实际利用率。

近年来，由于对某些脂肪酸生理功能的认可，人们期望将 ω-3、ω-6 系列不饱和脂肪酸"嫁接"到甘油碳链骨架的特定位置上，从而增加脂肪酸的稳定性并提高它在体内的消化吸收率，以达到营养保健的目的，这已成为生物油脂同行当前研究的热门课题之一。在国外，相关理论和研究认为结构脂质具有的多种生理功能与其结构之间的关系密不可分，而且由于氧化等化学变化显著影响着结构脂质的理化性质及其在体内生理功能的作用效果，因此近年来国外对结构脂类研究的重点已从"游离脂肪酸的生理功能"逐渐转向"脂肪酸酰基的结合位置如何影响结构脂质的性质与功能"方向，其中甘油碳链骨架的 sn-2 位置是目前研究的热点。研究表明，体内消化过程中从结构脂质释放出来的中链或短链脂肪酸可被迅速代谢，而长链脂肪酸则直接以单酰甘油酯的形式吸收。在食用含有长链脂肪酸和中链脂肪酸结构脂质（亚油酸选择性分布在 sn-2 位）的囊肿性纤维化患者中，可观察到亚油酸吸收得到明显增强。基于油脂代谢中 sn-2 位脂肪酸吸收率高的特点，研究人员常采用 EPA、DHA、亚麻酸来合成 sn-2 位多不饱和脂肪酸的结构脂质，既能增加不饱和脂肪酸的吸收，又可作为低热量脂肪的替代品。还有一些研究显示 sn-2 位的棕榈酸的吸收率比位于 sn-1 或 sn-3 位的要高很多，牛乳脂肪的吸收率明显低于母乳脂肪的吸收率，究其根源，就是母乳中的油脂含有较多 sn-2 位棕榈酸。这种油脂构造与吸收功能的差异，主要是由不同结构脂质的不同消化吸收机制所导致的。由此可见，特意地通过酯交换使一些人体必需脂肪酸结合于甘油酯 sn-2 位，可起到提高该脂肪酸吸收率的效果，反之，也可把一些不利于身体健康的脂肪酸"嫁接"在 sn-1 或 sn-3 位置上，降低其吸收率。这些研究均在一定程度上说明了脂肪酸的种类及其在甘油骨架上的位置与代谢效果密切相关。由于甘油三酯在体内的代谢过程中 sn-2 位上的脂肪酸吸收率较高，因此 sn-1 和 sn-3 位中链脂肪酸、sn-2 位长链脂肪酸的甘油三酯（MLM）是结构脂质在改善消化吸收率方面最理想的结构形式。

众所周知，与普通脂质一样，结构脂质也存在易氧化、易水解的风险。脂质体受外界条件影响而发生氧化、水解反应是导致其稳定性下降、凝固点下降以及生理功能缺失的直接原因。结构脂质上连接的脂肪酸不饱和程度较高，容易氧化变质造成营养损失，甚至转变为对身体有害的物质。因此，如何避免重要脂肪酸损失及提高氧化稳定性是目前结构脂质在储存和利用方面面临的重点和难题之一，它直接制约着结构脂质的生理作用效果及实际利用率。Nuchi 报道，虽然 ω-3 多不饱和脂肪酸对健康有很多益处，但它们对油脂发生的氧化及其敏感程度，会潜在影响食物的质量和营养组成，甚至带来食品安全等风险问题。Frankel 等建议 ω-3 脂肪酸可以作为提高食品营养价值的成分被物理性添加到食品中，然而油脂的氧化是该过程中受限的重要因素。对于高脂食品而言，这种单向的不可逆变化无论是对食品的感官还是安全性都有显著影响。

尽管结构脂质物理特性与天然脂质存在一定的差别，但它仍然能够较好地保持脂质在食品中的加工和口感特性。为此，众多学者通过化学或酶促反应来改变甘油三酯脂肪酸的组成以及它们在甘油骨架上的位置分布，使之具有特定的理化特性，适用于特殊的食品加工或赋予其特殊的功能性，从而满足人们对健康油脂日益增长的需求。这些结构脂质在具有与日常食用油脂相似性质的前提下，还具有多种多样的生理活性与功能。因此，明晰结构脂质的理化性质与其结构特点之间的关系尤为重要，它不仅可以通过优化油脂结构改良油脂的理化性质，而且有助于提高结构脂质在生物体内的生理作用效果及实际利用率。

1.4　结构脂质的应用领域

结构脂质作为一类新型油脂在体内消化吸收快，能量供应少，具有特定的保健营养和生物学功能，已逐步应用于保健品、医药和化妆品等众多行业。目前，美国、日本已先后开发出在减肥及脂肪替代等领域商用的结构脂，如 Salatrim（美国纳贝斯克）、Caprenin（美国宝洁）、Olestra（美国宝洁）、甘油二酯（日本花王）、NovaLipid^{TM} 以及 Loders Croklaan Crokvitol^{TM} 系列等产品。宝洁公司的 Caprenin 是由辛酸、癸酸和山萮酸随机组成的甘油酯，它的发热量只有 20.9 kJ/g，而普通油脂的发热量为 37.7 kJ/g。将氢化植物油与短链脂肪酸进行酯交换制得的 Salatrim 型低热混合甘油酯中，大量的硬脂酸酯化于油分子的 sn-1,3 位上，短链脂肪酸相对较低的热值再加上硬脂酸的低吸收率，使得它比传统的食用油脂发热量低，在人体内发热量为 19.7～21.3 kJ/g。在营养和医疗领域，结构脂还广泛应用于生产模拟母乳的婴儿配方奶粉、塑性脂肪、可可脂替代脂以及低热量脂肪的生产与应用。

1.4.1　婴幼儿母乳脂替代品

脂肪是婴儿主要的能量来源，母乳脂最大的特点是 60%～70%的棕榈酸位于甘油三酯的 sn-2 位，sn-1 和 sn-3 位置主要由不饱和脂肪酸占据。这会极大地影响婴幼儿对矿物质和脂肪的吸收利用。通过来源于植物油的三棕榈酸甘油酯、油酸或多不饱和脂肪酸，使用 sn-1,3-特异性脂肪酶作为生物催化剂进行酯交换，可以生产出与人乳甘油三酯相似的结构脂质。这种甘油三酯与人乳的脂肪酸分布非常相似，可用于婴儿食品配方中。除更能模拟人乳外，研究还证明 sn-2 位棕榈酸的存在可以改善消化性并促进钙等其他营养素的吸收。目前酶法合成的婴幼儿乳脂代替品 Betapol 已经面世。

1.4.2　特种用途油脂

可可脂是巧克力配方中的重要成分,主要由 sn-2 位为油酸的对称甘油三酯(超过 70%)组成,主要包括 POP、POSt 和 StOSt 三种结构类型(P 代表棕榈酸,O 代表油酸,St 代表硬脂酸)。可可脂典型的脂肪酸组成为:C16:0、C18:0、C18:1、C18:2 和其他;sn-2 位置的脂肪酸分布为:C16:0、C18:0、C18:1、C18:2 和其他;典型的甘油三酯组成为:POP、POSt、StOSt、POO、StOO、PLP、PLSt、StLSt、PLO(L 代表亚油酸)。但可可脂供应的不确定性和可可脂价格的波动迫使糖果生产商寻找可可脂的替代品。日本不二制油株式会社与联合利华公司使用棕榈油和硬脂酸作为原料,在固定化脂肪酶的作用下合成了一种类可可脂,其物理性质和化学成分与可可脂相似,但性能更加优越。这种替代品能够解决天然可可脂产量有限的问题,并且加工效率高,价格只有天然可可脂的 1/3,大大降低了企业的生产成本。此外,丹麦通过酶法酯交换的方式生产了零反式脂肪酸人造黄油,避免了氢化及化学酯交换工艺中反式脂肪酸的产生。

1.4.3　低能量油脂

低能量油脂是一种重要的结构脂质产品,燃烧热只有传统油脂的 40%～90%。它们的最大优势是控制肥胖症和降低血清胆固醇。这种油脂不会储存脂肪,只提供能量,部分替代传统脂肪,可以达到减肥的目的,并且可以显著降低血清胆固醇含量。目前,日本和美国已经有多类低能量油脂食品及保健产品在销售。

此外,甘油三酯的三个酰基位置还可以连接低聚糖类、聚酯类、淀粉类、生物碱等多种化合物构建新型脂质衍生物,从而发挥更多理化及生理功能。有学者报道了用蓖麻油作为咖啡酰基受体,通过酶促酯交换成功制备了一种新型蓖麻油基咖啡酰结构脂,这种蓖麻油基咖啡油结构脂具有较强的生物抗氧化和紫外吸收能力,目前已在多个食品和化妆品领域用于抗氧化剂和紫外线吸收剂。对磷脂的生物酶技术改性产品、维生素酯类、含高不饱和脂肪酸的卵磷脂也因具有细胞分化诱导作用,在医药领域引起了极大关注。

第 2 章　*sn-2* 位长链结构脂的制备技术

2.1　*sn-2* 位长链结构脂概述

脂肪酸在甘油骨架上的位置分布是影响脂类物理性质和代谢的主要原因之一。通常情况下，脂肪酸只有在消化甘油三酯后以非酯化的游离脂肪酸或 2-MAG 的形式才能被吸收，如果将生物活性功能更高的脂肪酸接入至甘油三酯的 *sn-2* 位则有利于此类脂肪酸对健康发挥更大的作用。*sn-2* 位长链结构脂是指在 *sn-2* 位连接长链脂肪酸的甘油三酯。通常可连接在 *sn-2* 位的长链脂肪酸类型主要包括：棕榈酸、二十二碳六烯酸（DHA）、二十碳四烯酸（AA）、二十碳五烯酸（EPA）等。在 *sn-2* 位连接长链脂肪酸，*sn-1,3* 位连接中链脂肪酸的甘油三酯（MLM）是应用较多的一种中长链结构脂。

sn-2 位长链结构脂因通常具有快速分解供能的代谢特性而被用于饮食，治疗吸收不良综合征。相比其他类型的脂质，膳食中摄入的甘油三酯在肠道中通过胰脂肪酶进行水解，因胰脂肪酶对甘油三酯在 *sn-1* 位和 *sn-3* 位的水解具有高度的选择性，因此甘油三酯常被水解为游离脂肪酸与 *sn-2* 单甘酯（2-MAG）。*sn-2* 位单甘酯富含中链脂肪酸，可通过肠壁快速吸收。这是因为中长链结构脂摄入后可被水解，产生的中链脂肪酸通过门静脉直接被吸收，而后被运送到肝脏。作为一种能量来源被分解代谢，它不会被肉毒碱转运系统运输进入线粒体。中链脂肪酸在体内的代谢速度与葡萄糖的代谢速度相当，由于它们不容易被重新酯化成甘油三酯，所以只会有少量的中链脂肪酸会最终以脂肪的形式储存。

目前，DHA 等 *n-3* 长链多不饱和脂肪酸已被广泛用作液体和固体强化食品（如婴儿配方奶粉等）中的重要功能性成分，它对神经系统以及心血管疾病预防等方面具有广泛的功能作用。有证据表明，富含长链多不饱和脂肪酸的 2-MAG 易被吸收，当 PUFA 位于 *sn-2* 位置时，其吸收效果要优于位于 *sn-1,3* 位置或随机分布状态。因此，如何将长链多不饱和脂肪酸接入甘油三酯的 *sn-2* 位就成为提高长链多不饱和脂肪酸稳定性及肠道消化吸收率的最佳方案。

2.2　*sn-2* 位长链结构脂制备技术分类

sn-2 位长链结构脂可以通过物理调配、化学催化、酶催化等方法改性制得。在这些方法中，物理调配法虽然较为安全，但产物合成率较低，往往无法有效定量得到理想的结构脂。化学催化法虽然能够通过特定的反应合成路线获得目标结构脂，但催化反应是随机的酯交换反应，不易生产出具有特定结构的重构脂质。与化学催化法相比，酶催化法是一种较为安全、绿色和可控的有效制备方法，具有反应时间短、条件温和（<70℃）、选择性强、高效可控、操作简单、环境友好等优点，可以通过调控反应条件（如时间、温度、底物物质的量比、加酶量等）来增加产品的纯度和产量，是结构脂制备的首选方法。不仅如此，酶法合成结构脂不含反式脂肪酸的优势也是它可以广泛用于食品工业油脂合成的重要原因。

2.2.1　*sn-2* 位长链结构脂的物理调配技术

物理调配法通常是将中碳链甘油三酯或长链甘油三酯进行简单而随机的物理混合。陈桢隆等通过研究酥油脂肪酸组成特点，筛选其他互补 TAG 及脂肪酸的脂肪（如 OPO 型结构脂、米糠油等），以人乳脂肪的脂肪酸组成及位置分布为标准，通过 Lingo 方程拟合得到不同脂肪的最优物质的量比，运用物理混合的方法对其结构进行互补，制备出一种包含酥油且脂肪酸分布及组成与母乳高度相似的新型母乳替代脂（HMFs）。这种方法虽然较为安全，但产物合成率较低，往往无法有效定量得到理想的结构脂。

2.2.2　*sn-2* 位长链结构脂的化学催化技术

化学催化法是在高温和无水条件下，采用碱金属或碱金属烷基化合物催化甘油三酯进行随机酯交换。这种方法成本低，操作简单，但选择性差和毒性高等催化剂的缺点限制了它在相关领域的广泛应用。化学催化法虽然能够通过特定的反应合成路线获得目标结构脂，但催化反应是随机的酯交换反应，无特异选择性，且反应产物难控制，不易生产出具有特定结构的重构脂质。例如，与中碳链甘油三酯和长链甘油三酯的物理混合物相比，采用化学催化法则可能产生 6 种不同的结构脂组合（图 2-1），这些结构脂的结构和代谢途径有较大的差异。同时，化学催化法反应条件剧烈（>100℃）、副反应多，产物的生成率低且分离困难，生产过程中的化学试剂也容易污染环境。

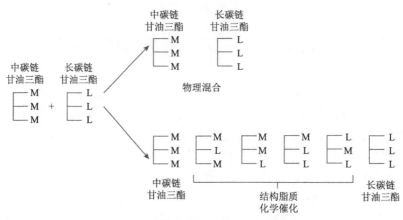

图 2-1　结构脂的物理混和与化学催化

2.2.3　*sn*-2 位长链结构脂的酶法合成技术

　　酶催化法是一种较为安全、绿色和可控的结构脂制备方法，该方法合成结构脂质有利于保护营养成分不被破坏，而且节省能源；由于酶专一性强，副反应少，产品容易回收。此外，酶法还可以生产出传统育种的植物及基因工程所不能得到的新产品。由于脂肪酶具有精巧的位置特异性、化学基团专一性、脂肪酸链长专一性、立体结构专一性，因此可根据需要对期望的产品实现精确控制，将特殊的脂肪酸结合到甘油三酯中特定的位置，以满足消费者在医疗和营养保健方面的需要。

　　对于天然油脂而言，脂肪酸在甘油酰基位置上的分布是随机的。目前学术界主要有三种分布学说，分别是：全随机分布学说、*sn*-1-随机-*sn*-2-随机-*sn*-3-随机分布学说、*sn*-1,3-随机-*sn*-2-随机分布学说。对于天然植物油的甘油三酯而言，*sn*-1,3-随机-*sn*-2-随机分布学说更具有普适性。与天然油脂的结构相比，脂肪酶可定向作用于甘油三酯的特殊酰基位置，因此酶法合成结构脂的产物主要由结构脂的制备方法决定。有研究用两种固定化脂肪酶将 EPA 与葵花籽油进行酯化，不仅天然玉米油中三油酸甘油三酯的含量降低了，而且改性后的甘油三酯含有更高含量的 EPA。Pina-Rodriguez 等使用 Novozym 435 脂肪酶在苋菜油 *sn*-2 位置接入了棕榈酸，然后用脂肪酶 RM IM 在 *sn*-1,3 位置接入 DHA，最终将 DHA 作为目标脂肪酸加入至苋菜油甘油三酯中，改变了原有天然苋菜油的脂肪酸组成。目前 *sn*-2 位长链结构脂的酶法合成主要有 3 种：酯交换法、酸解法和醇解法。

　　1. 基于脂肪酶的 *sn*-2 位长链结构脂酯交换技术

　　酯交换法（图 2-2）是酰基脂肪酸在 TAG 内部和 TAG 之间随机化或定向交换位置的过程。酶促酯交换反应分两步完成：脂肪酶丝氨酸的残基羟基亲核进攻酰基碳，形成酰基-酶共价复合物后导致脂肪酸和甘油骨架碳链之间的键发生断裂，待释放后的脂肪酸与游离脂肪酸混合后，再随机或定向接入至甘油骨架"空白"的位置形成新的甘油三酯。Teichert 等通过 Novozym 435 脂肪酶催化三棕榈酸甘油酯（PPP）与硬脂酸大豆油酯交换反应，在反应时间 18 h，反应温度 65 ℃，底物物质的量比 1∶2 条件下得到了含量为 60.63% 的 *sn-2* 位棕榈酸结构脂。相关研究还通过 Lipozyme TL IM 脂肪酶催化三棕榈酸甘油酯与二十二碳六烯酸（DHA）、二十碳四烯酸（AA）和乙酸乙酯进行酯交换合成 *sn-2* 位富含棕榈酸与不饱和脂肪酸的结构脂，其 *sn-2* 位棕榈酸含量可达 40% 以上。在脂肪酶作用的酯交换反应中原料油脂与目标产物均为甘油三酯，由于其结构颇为相似，故目标产物分离也较为困难，且无法通过分离副产物的方式使反应平衡向目标产物方向移动。因此，只有选用合适的脂肪酶才能够得到较为理想的产物。

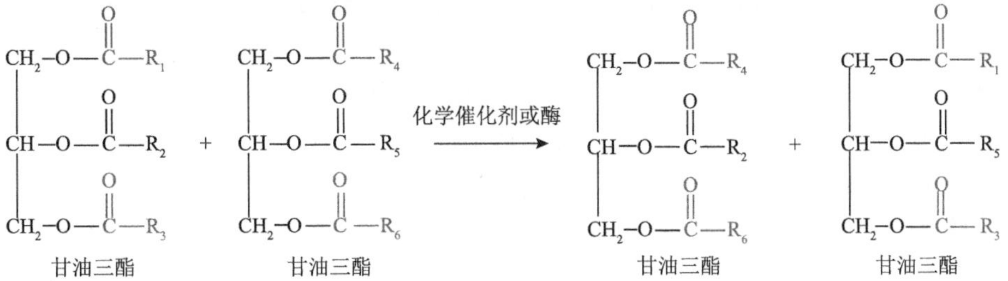

图 2-2　酯交换法制备结构脂反应示意图

2. 基于脂肪酶的 *sn-2* 位长链结构脂酸解技术

与酯交换法类似，结构脂的脂肪酶酸解反应也需要两步完成：水解与酯化。首先 TAG 在酶作用下水解生成游离脂肪酸和 DAG（或 MAG），在脂肪酶的作用下新的游离脂肪酸再与 DAG（或 MAG）酯化合成 TAG（图 2-3）。对于酸解反应而言，要制备 *sn-2* 长链多不饱和脂肪酸 TAG，游离脂肪酸最好来源于单一长链多不饱和脂肪酸，在此条件下得到的目标 TAG 含量才会比较高。Teichert 等通过脂肪酶催化 *sn-2* 位含棕榈酸的大豆油与 DHA 和 α-亚麻酸（α-linolenic acid）酸解反应制成的结构脂，其 *sn-2* 位棕榈酸含量均能够达到 54% 以上。Guncheva 等在无溶剂条件下使用一种耐热脂肪酶催化油酸与 PPP 酸解生成 *sn-2* 位棕榈酸甘油酯，在 60 ℃时脂肪酶的回收率最高，并且 1,3-油酸-2-棕榈酸甘油酯（OPO）的产率在 50% 以上。Sarah 等通过脂肪酶催化 *sn-2* 位含棕榈酸的单硬脂酸大豆油结构脂与 DHA 和 α-亚麻酸酸解反应制成含 PUFA 的结构脂，其 *sn-2* 位棕榈酸含量均能够达到 54% 以上。酸解反应常被用于在非水介质中由 *sn-1,3* 特异性脂肪酶催化合成 *sn-2* 长链多不饱和脂肪酸结构脂，其优势在于能够更简单地预测反应产物的组成，但是需要在无溶剂系统中使用热稳定性较好的脂肪酶来降低终产物中脂肪酶含量。因此，酸解反应通常需要增加中长链多不饱和脂肪酸的含量来提高结构脂的合成率。

在酸解法制备 *sn*-2 多不饱和脂肪酸结构脂的过程中，辛酸和癸酸常被用作 *sn*-1,3 位置的酰基供体。Yang 等利用脂肪酶对金枪鱼油和辛酸进行酸解，得到的 MLM 型结构脂反应产物中 *sn*-1,3 位的辛酸占比为 22.50%，*sn*-2 位点 DHA+EPA 的含量则与生金枪鱼油相似。该研究表明，制备 *sn*-2 长链多不饱和脂肪酸结构脂的供体最好以富含长链多不饱和脂肪酸的动植物油为供体进行酯化反应。除了酰基供体以外，在水解过程中影响酸解反应的主要因素还包括特异性脂肪酶和底物的物质的量比，适量增加脂肪酸和选择适当的脂肪酶均可提高结构脂的产量。还有学者在有溶剂条件下使用 *sn*-1，*sn*-3 特异性脂肪酶催化油酸与 PPP 生成 *sn*-2 位棕榈酸结构脂，在无溶剂和有溶剂情况下得到的产率分别为 40.23%和 32.34%，其中 *sn*-2 位棕榈酸酯的含量分别高达 86.62%、92.92%。Fomuso 等研究发现以脂肪酶 Lipozyme RM IM 为催化剂在橄榄油的甘油骨架中以辛酸替代原有的部分脂肪酸，在物质的量比为 1∶5（橄榄油/辛酸）、底物流量为 1 mL/min、停留时间为 2.7 h、温度为 60 ℃的条件下，获得了最佳的 *sn*-2 结构脂。由于酸解法中的甘油三酯可根据需要直接采用各种油脂，且原料来源广泛、生产成本相对较低、产物中过量的游离脂肪酸可采用蒸馏的方法从混合物中进行分离，因此工业化生产结构脂大多采用酸解法。

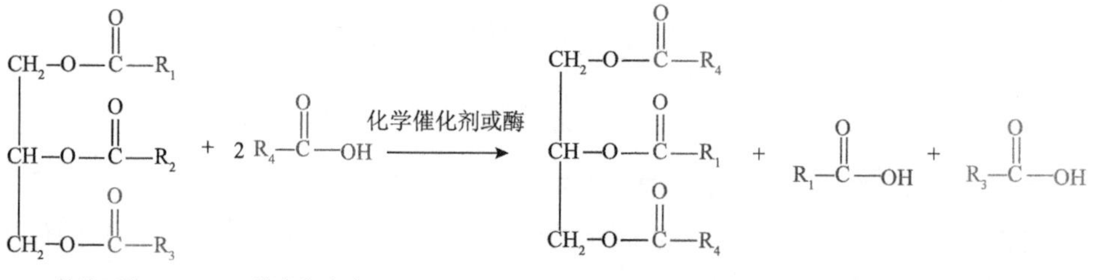

图 2-3　酶促酸解法制备结构脂反应示意图

3. 基于脂肪酶的 *sn*-2 位长链结构脂醇解技术

酶催化醇解合成 *sn*-2 位多不饱和脂肪酸结构脂通常采用两步法：首先是富含 PUFA 的油脂或 PUFA 甘油三酯（如 DHA 甘油三酯）与乙醇在 *sn*-1,3 特异性脂肪酶作用下催化醇解反应生成 *sn*-2 长链脂肪酸单甘酯（2-MAG）；然后是游离脂肪酸与 2-MAG 在脂肪酶的催化下进行酯化得到 *sn*-2 位长链多不饱和脂肪酸结构脂（图 2-4）。Schmid 等通过 *sn*-1,3 位特异脂肪酶催化醇解法制备 *sn*-2 位棕榈酸结构脂，第一步是将 PPP 醇解得到 MPG 单甘酯，使用低温溶剂结晶法分离 MPG，其纯度超过 95%且合成率达 85%；第二步是在相同酶催化作用下使油酸与 MPG 进行酯化反应制得 *sn*-2 位棕榈酸结构脂，其含量高达 96%。还有学者也采用相同的方法合成 *sn*-2 位棕榈酸结构脂，第一步得到的 2-MPG 纯度为 77%且产率为 73%，

第二步制得的 *sn*-2 位棕榈酸含量达 95%。尽管采用醇解法制备的结构脂副产物较少且易分离，目标产物 *sn*-2 不饱和脂肪酸 TAG 的纯度和产量也较高，但是醇解反应分两步进行，反应中间环节还需要分离单甘酯，因此酶催化醇解方法的成本较高，并不适用于工业化生产。

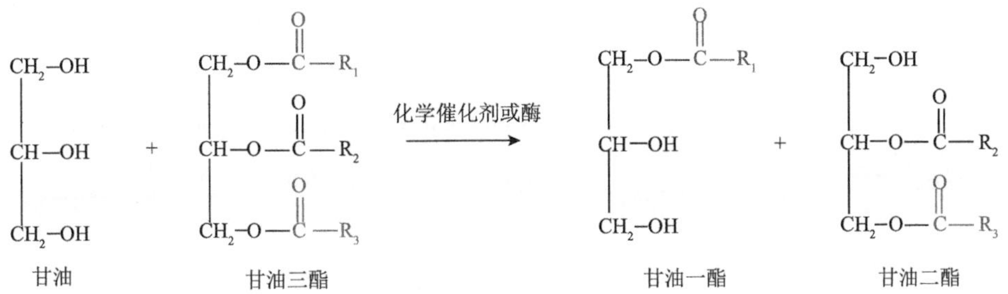

图 2-4　酶促醇解法制备结构脂反应示意图

　　尽管如此，与一步催化反应相比，醇解法制备 TAG 的过程可大大减少酰基转移的发生率，在增强反应特异性的同时，还提高了工艺生产率，适合于制备结构复杂、生产成本高的结构脂。一般情况下，在结构脂合成的过程中甘油三酯的酰基容易发生转移，这个过程会产生不必要的甘油酯，致使目标产物纯度下降。即使采用 *sn*-1,3 区域选择性脂肪酶，也会发生酰基迁移现象生成 TAG 的副产物。因此，酰基迁移必须主要通过控制反应参数（如反应温度、催化剂负载、含水量和溶剂类型）来加以控制。操丽丽等以菜籽油和无水乙醇为原料，用 Lipozyme TL IM 固定化脂肪酶催化制备高纯度的 2-MAG 来获取中长碳链型（MLM）结构脂。在最优化工艺条件下，2-MAG 的含量从 38.82% 上升到 90.76%，证实了醇解法会减少 *sn*-2 酰基迁移并提高工艺生产率。Abed 等在无溶剂体系中用 Lipozyme RM IM 脂肪酶催化醇解微生物油与辛酸，得到的结构脂质在 *sn*-2 位含有 49.45% 的二十碳四烯酸，在 *sn*-1,3 位含有 29.7% 辛酸。近年来 *sn*-2 长链多不饱和脂肪酸结构脂酶法合成研究见表 2-1。

表 2-1　近年来 *sn*-2 长链多不饱和脂肪酸结构脂酶法合成研究

产品类型	方法	原料	催化剂
婴儿配方奶粉用途的 MLM	酸解反应	富含 AA 的生物油脂+油酸	Lipozyme RM IM
含 DHA 的母乳脂肪替代品	两步酯化法	富含 DHA 的鱼油浓缩物	Novozym 435、Lipozyme TL IM、Lipozyme RM IM
富含长链单不饱和脂肪酸的 MLM	酸解反应	C8:0、C10:0 与葡萄籽油	非商业固定化 ROL
MLM	酸解反应	C10:0 和南瓜籽油	Lipozyme TL IM

续表

产品类型	方法	原料	催化剂
富含 ω-3 脂肪酸的 MLM	两步酯化法	C8:0 和富含 PUFA 和的浓缩沙丁鱼油	Novozym 435、Lipozyme RM IM
MLM	两步酯化法	C8:0 和鳄梨油	Lipozyme TL IM、Lipozyme RM IM
MLM	酸解反应	C8:0 或 C10:0 与橄榄油	非商业固定化脂肪酶 Lip 2
MLM	酸解反应	C8:0 或 C10:0 与橄榄油	非商业固定化 ROL
富含 EPA、DHA 和 C10:0 的 MLM	酯交换法	鱼油+C10:0 甲酯化鱼油+中链甘油三酯	Lipozyme RM IM
富含 ω-3 脂肪酸的油脂	直接酯化法	沙丁鱼油脂肪酸+甘油	Lipozyme IM
富含 ω-3 脂肪酸的油脂	酯交换法	亚麻籽油+棕榈硬脂	Lipozyme TL IM
富含共轭亚油酸的油脂	酯交换法	大豆油+共轭亚油酸乙酯	Lipozyme RM IM
富含 ω-3 单不饱和脂肪酸的结构脂	酯交换法	棕榈硬脂酸+棕榈仁油+含 EPA 甘油三酯	酰基转移酶 MP1000
富含共轭亚油酸和十二烷酸的甘油三酯	酸解反应	改性蓖麻油+C12:0	Lipozyme TL IM、木瓜蛋白酶
富含 DHA 和 γ-亚麻酸的甘油三酯	酸解反应	亚麻籽油+DHA	Novozym 435

4. 基于脂肪酶的 sn-2 位长链结构脂直接酯化技术

直接酯化法是以长碳链脂肪酸、中碳链脂肪酸（酰基供体）和甘油为原料，在合适的温度下，控制好底物相应的物质的量比，在脂肪酶的催化作用下使反应平衡向有利于酯化的方向进行。罗利华等在异辛烷中用直接酯化法探究了反应时间、脂肪酶的用量、底物物质的量比对合成胆固醇癸二酸单烯酯的影响，该实验平均酯化率与响应面拟合方程酯化率的预估值较吻合，表明直接酯化法工艺反应时间短、合成条件简单，取得了理想的结果。还有学者在传统的直接酯化法上改变不同环境介质体系，将辛酸、癸酸和甘油等物料混合，用 Novozym 435 脂肪酶制备中碳链 TAG，研究所得的中碳链 TAG 的产率为 95.1%，酯化率为 98.62%，也表明该制备工艺有效地提高了脂肪酸的利用率及中碳链 TAG 的产率。尽管直接酯化法可一步完成，且反应时间较短，酶反应器利用率高，生成的副产物少，产物纯度高，易分离纯化出产品，但是直接酯化法在反应过程中酯化反应一次性完成，反应过程中需要及时脱水。水量的不断增加会加厚酶分子表面的水膜，由于反应底物油脂难溶于水，水会阻碍底物与酶活性部位的结合而致使产率降低，因此反应要随时除去水分，以防止逆向水解反应降低结构脂质的产率。

2.2.4　*sn*-2 位长链结构脂的纯化技术

在 *sn*-2 长链不饱和结构脂的合成过程中，直接酯化法、醇解法和酸解法都会生成除目标结构脂以外的副产物（如 MAG、DAG、复杂 TAG 和游离脂肪酸等）。为了有效富集目标结构脂，可采用化学法和物理法对结构脂进行分离纯化。常用的结构脂化学分离方法包括柱层析、包埋、脱酸、溶剂结晶等。由于化学纯化法需要使用多种有机溶剂，且存在反应工艺路线复杂、副产物较多等缺点，难以实现结构脂精准有效富集和纯化。例如，大多数酯-酯交换制备得到的结构脂由于反应过程中中间产物较多，需要通过脱酸的方式去除酶催化反应中产生的副产物，这个过程往往耗时费力，且纯化效果不够理想。常用的结构脂物理纯化法则包括分子蒸馏法、精馏法和超临界 CO_2 萃取法等。与化学法相比，物理纯化法不会引入除反应物以外的化学试剂，因此其纯化效率及工艺较为方便。精馏法是利用分馏柱分离沸点不同组分的方法，当结构脂中相近组分的沸点相差不大时，精馏法对产物分离的效果较差，这限制了该方法在结构脂分离中的应用。超临界 CO_2 萃取分离虽然可以利用超临界状态下二氧化碳溶解性增强的特性使其有选择性地把极性、沸点和分子量不同的成分依次萃取出来，但其高压及溶解性的限制，也阻碍了其在结构脂分离领域的广泛应用。相比前两种方法，分子蒸馏在结构脂的分离纯化中应用较为广泛，该方法操作温度低、受热时间短、分离效率高，适于高沸点、热敏性、易氧化物质的分离，特别是对于沸点接近的结构脂较为适用，通过调整分子蒸馏设备塔板数量、温度参数等方式即可有效纯化多种组分相近的结构脂。

2.3　*sn*-2 位长链单甘酯的酶法制备

2.3.1　研究背景

脂肪酸在甘油骨架上的位置分布是影响脂类物理行为和代谢的主要因素之一。通常情况下，脂肪酸只有在消化甘油三酯后以非酯化的游离脂肪酸或 2-MAG 的形式才能被吸收，如果将生物活性功能较高的脂肪酸接入至甘油三酯的 *sn*-2 位则有利于此类脂肪酸对健康发挥更大的作用。

DHA 等 *n*-3 LC-PUFA 已被广泛用作液体和固体强化食品（如婴儿配方奶粉等）中的重要功能性成分，它对神经系统以及心血管预防等方面具有广泛的功能作用。鱼油和藻油均是 DHA 目前主要的来源途径，由于鱼油脂肪酸组成复杂，除了 DHA 以外其 EPA 的含量也较高，这增加了鱼油单体 PUFA 组成及浓度测定的难度。相比之下，藻油中含有丰富的 DHA（EPA 含量较低），且藻油在工业规模上很容易培养，是结构脂理想的 DHA 供给体。

　　由于化学法合成 2-MAG 需要较高的温度和较长的反应时间，高温会促使 2-MAG 发生酰基迁移并诱发 n-3 LC-PUFA 氧化，所以富含 DHA 的 2-MAG 需要更温和的反应方式及条件。与化学合成法相比，酶促反应条件较为温和，可有效减少对温度敏感的底物和产物原有性能损失，因此采用特异性脂肪酶催化反应对制备产率高、副产物少、酰基位置稳定的 2-MAG 尤为重要（图 2-5）。

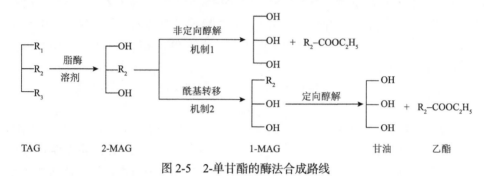

图 2-5　2-单甘酯的酶法合成路线

2.3.2　研究内容

　　以藻油为原料，采用酶法制备并纯化 2-二十二碳六烯基单甘酯（2D-MAG），分别考察了脂肪酶种类（Lipozyme RM IM、Lipozyme TL IM、Novozym 435、Lipase AK、Lipase AY 和 Newlase F）、藻油与乙醇的底物物质的量比、反应时间、反应温度和脂肪酶重复利用次数对 2D-MAG 合成产物的影响，并探究混合油体系中 sn-2 位多不饱和脂肪酸单甘酯合成规律。

2.3.3　研究方法

1. sn-2 长链单甘酯的酶法制备

　　sn-2 长链单甘酯的酶法制备方法如下：2-二十二碳六烯基单甘酯（2D-MAG）的制备按照 Morales-Medina 等的方法并适当修改：称取 0.9 g 藻油和适量无水乙醇加入至 50 mL 具塞锥形瓶中，加入 0.4 g 固定化脂肪酶（4%～16%，底物质量分数），在转速为 200 r/min、30～55 ℃反应条件下进行磁力搅拌 4～16 h。将反应混合物离心后过滤除去脂肪酶。取一定量离心样品，加入 30 mL 正己烷和 10 mL 0.8 mol/L 的 KOH 醇溶液（30%乙醇），剧烈振荡 2 min 后静置 5 min。下层醇-水溶液中加入 15 mL 正己烷进行二次提取，剧烈振荡 2 min 后静置分层。形成两层后收集富含 2D-MAG 的乙醇相，以相同体积的正己烷洗涤两次。合并两次萃取所得上清液，在 40 ℃水浴温度下旋转蒸发去除有机溶剂，所得样品称质量后置于

–20℃冰箱保存用于后续分析。另外收集固定化酶，用无水乙醇/正己烷（1∶1）洗涤 3 次后，对回收的固定化酶进行真空处理，去除有机溶剂称重后计算合成率。用相同流程分别考察反应时间、反应物物质的量比、脂肪酶负载、反应温度等参数下 2D-MAG 的合成率。

2. *sn*-2 长链单甘酯的纯化

sn-2 长链单甘酯的纯化方法如下：在 Esteban 等提出的优化方法基础上，采用溶剂萃取法对 2D-MAG 进行纯化。将 1 g 无溶剂产物溶解于 15 mL 正己烷中，然后加入 10 mL 85%乙醇水溶液，将混合溶液转移到分离漏斗中静置分层。形成两层后，去除含有酯类和未反应甘油三酯残基上层，保留含 2D-MAG 的萃取层。将下层有机相在 40℃水浴条件下旋转蒸发挥干其他有机相，然后将样品加入至乙醇/正己烷（90∶10，体积比）溶液中以 3500 r/min 的速度离心 5 min，吸取上层 2D-MAG 的己烷相，置于–18℃冰箱中用于后续的定性定量分析及酯化反应。

3. *sn*-2 长链单甘酯的鉴定

根据 Turon 等的方法用薄层色谱法（thin layer chromatography，TLC）分析反应产物（脂肪酸乙酯、甘油三酯、游离脂肪酸、甘油二酯、单甘酯）：薄层色谱硅胶板用前在 105℃烘箱中预先活化 1 h。用 200 μL 正己烷∶二乙醚（84∶16，体积比）溶液稀释 10 μL 反应样品，用毛细管将 1 μL 样品点在活化后的薄层板上，置于炉温为 120℃烘箱中 5 min 以挥发溶剂。将正己烷∶二乙醚∶甲酸（84∶16∶0.04，体积比）溶液喷涂在薄层板上展开，用碘蒸气显色，根据各反应物的条带和比移值确定油脂类型。用 5%硼酸-甲醇溶液浸润薄层色谱板以防止 2D-MAG 和 1D-MAG 由于酰基迁移形成异构化。将目标条带刮下用气相色谱法分析 2D-MAG 脂肪酸组成。

采用超高效液相色谱-三重四极杆串联质谱（UPLC-MS/MS）分析 *sn*-2 长链单甘酯组成。分析方法如下：将 2 μL 样品注入至超高效液相色谱进行检测。在分析过程中，流动相流速保持在 0.4 mL/min；柱温设置为 60℃，样品室温度 4℃。流动相 A：水/甲醇/乙腈（1∶1∶1，含 5 mmol/L NH$_4$Ac）；流动相 B：异丙醇/乙腈（5∶1，含 5 mmol/L NH$_4$Ac）。梯度洗脱条件：0.5 min 20% B 相；1.5 min 40% B 相，3 min 60% B 相，13 min 98% B 相，13.1 min 20% B 相，17 min 20% B 相。质谱条件：AB Sciex TripleTOF 6600，离子化方式：电喷雾离子化（ESI）源，检测方式：正离子检测，一级质谱采集的质量数范围为 *m/z* 50～1200。质谱条件：气帘气压力为 35psi（1psi=6.89476×10^3 Pa），离子源气体 1（N$_2$）压力为 50psi，离子源气体 2（N$_2$）压力为 50psi，离子喷雾电压为 5.5kV，喷雾器温度为 600℃。

采用 GC-FID 法测定 *sn*-2 脂肪酸组成。分析方法如下：脂肪酸甲酯化采用

Wang 等（2015）的方法进行分析：用 2 mL 0.5 mol/L NaOH-CH$_3$OH 与 3 g 样品在 60 ℃下皂化 30 min，并在 60 ℃下与 14%三氟化硼反应 5 min。反应完成后，用约 2 mL 己烷萃取脂肪酸甲酯，然后计算所得的单甘酯 sn-2 位上脂肪酸组成的物质的量分数。气相色谱条件：色谱柱为 FFAP 毛细管柱（Agilent，30 m×0.25 mm× 0.5 μm）；检测器为 FID。载气为 N$_2$，流速设定为 1.0 mL/min，进样口压力为 25 psi，分流比设定为 30∶1。初始炉温设置为 140 ℃保持 1 min，然后以 10 ℃/min 的速度增加到 230 ℃并保持 8 min。检测器的温度保持在 280 ℃。根据脂肪酸的标准分析，峰值时间和相对峰面积将用于脂肪酸甲酯的定量和定性分析。加入 2-油酸单甘酯作为外标，根据其出峰面积对目标单甘酯峰面积进行比较，并得出含量。

$$W_s = \frac{R_i \times P_标 \times A_s}{M_s \times A_标} \times 100 \qquad (2\text{-}1)$$

其中：W_s 表示 2D-MAG 百分含量；R_i 表示外标物峰面积；$P_标$表示标样质量浓度（mg/mL）；A_s 表示样品中 2D-MAG 峰面积；$A_标$表示外标物 2-油酸单甘酯峰面积；M_s 表示样品质量（mg）。

　　根据脂肪酶的回收率计算脂肪酶重复利用率，具体方法为：二次酶解（乙醇溶解、酯化）后，含有酶的反应样品以 8000 r/min 离心 10 min 后分层，含脂肪酶的上清液用于测定和计算结构脂的合成率。上清液用无水乙醇/正己烷（1∶1，体积比）洗涤 3 次后，在真空干燥器中干燥 24 h。干燥结束后，用镊子剔除使用后的分子筛，并将它活化后用于新的反应，剩余的脂肪酶则用于计算脂肪酶回收率。

2.3.4　研究结果

1. sn-2 长链单甘酯的合成与鉴定

　　对藻油脂肪酸组成（表 2-2）进行分析不难发现，C22:6（44.37%）和 C16:0（27.5%）是藻油主要的脂肪酸成分，除此以外，C22:5、C14:0 和 C18:1 含量也较多，分别达到 7.42%、6.21%和 5.37%。在藻油总脂肪酸中，多不饱和脂肪酸大多数是具有生理活性的 n-3 PUFA，其含量约占藻油 PUFA 含量的 85.39%。在藻油甘油三酯的 sn-2 位置上 DHA 含量最高（47.38%），其次是 C16:0（18.85%）和 C22:5（11.34%）。PUFA 在藻油 sn-2 位的比例高达 64.29%，这表明藻油是 sn-2 长链多不饱和脂肪酸结构脂较为理想的制备原料。目前，已有多个商品化的 DHA 藻油上市，其中主要以裂壶藻和吾肯氏壶藻种类居多，本实验选用的吾肯氏壶藻油通常被用于 DHA 的供体来源，尽管不同藻类脂肪酸组成有所差异，但大多数藻油的 DHA 含量较其他来源高，是仅次于鱼油提供丰富 DHA 的理想来源。

表 2-2　藻油脂肪酸及 *sn*-2 位脂肪酸含量

脂肪酸	藻油总脂肪酸	藻油 *sn*-2 脂肪酸
C14:0	6.21±0.22	3.85±0.17
C16:0	27.5±1.94	18.85±1.32
C16:1	1.73±0.15	1.47±0.11
C18:0	2.99±0.22	5.46±0.08
C18:1	5.37±0.31	3.54±0.26
C18:2 *n*-6	0.51±0.06	0.63±0.12
C18:3 *n*-3	0.46±0.01	未发现
C20:4 *n*-3	0.24±0.02	0.36±0.02
C20:5 *n*-3	1.26±0.31	4.58±0.01
C22:5 *n*-6	7.42±0.12	11.34±0.15
C22:6 *n*-3	44.37±2.75	47.38±4.69
$\sum$SFA	36.7±3.94	28.16±1.20
$\sum$MUFA	7.1±0.20	5.01±0.53
$\sum$PUFA	54.26±3.34	64.29±4.85
$\sum$*n*-3 PUFA	46.33±4.01	52.32±5.17

与化学法制备单甘酯相比，脂肪酶催化法具有位置专一、反应条件温和、产物不残留有机溶剂等优势，更适宜于长链多不饱和脂肪酸单甘酯的制备。由于脂肪酶的来源不同，其稳定性、催化活性和底物专一性也有较大的差异，在此过程中特异性脂肪酶的催化能力及反应条件直接影响着产物的合成率及反应经济效益。为了筛选出最适宜催化 2D-MAG 的特异性脂肪酶，对比分析了来自南极假丝酵母（*Candida antarctica*）、米黑根毛霉（*Rhizomucor miehei*）、疏绵状嗜热丝孢菌（*Thermomyces lanuginosa*）、雪白根霉（*Rhizopus niveus*）、皱褶假丝酵母（*Candida rugosa*）、荧光假单胞菌（*Pseudomonas fluorescens*）的 6 种不同商业脂肪酶 Novozym 435、Lipozyme RM IM、Lipozyme TL IM、Newlase F、Lipase AY 和 Lipase AK 对藻油 2D-MAG 单甘酯合成的影响。结果发现，在酶催化藻油的醇解反应中不同脂肪酶催化合成 2D-MAG 的效果有较大差异。六种脂肪酶催化生成 2D-MAG 的活性由高到低依次为：Lipozyme RM IM＞Novozym 435＞Lipozyme TL IM＞Newlase F＞Lipase AK＞Lipase AY（图 2-6）。其中，Lipozyme RM IM 和 Novozym 435 催化形成 2D-MAG 的含量相对较高，分别为 34.7% 和 28.1%，这反映出 Lipozyme RM IM 较其他脂肪酶的催化能力更强。Lipozyme TL IM 及 Lipase AK 和 Newlase F 催化藻油形成 2D-MAG 的含量分别为 27.5%、9.6% 和 11.3%，显著低于 Lipozyme RM IM 和 Novozym 435（$P<0.05$）。研究发现 Novozym 435 在过量乙醇溶液中能够有

效提高其对结构脂的催化能力。但是对于 Lipozyme RM IM 而言，适当的水能够维持其催化活性，过量的乙醇反而会夺取 Lipozyme RM IM 活性位点周围的水分子从而导致其催化能力下降，这表明脂肪酶在不同反应溶剂体系中的催化能力是有差异的。由于脂肪酶具有蛋白结构，蛋白质在乙醇存在的环境中发生变性的阈值会受到环境因素的影响而存在差异，这或许可以解释为何同样是特异性脂肪酶，其催化能力在不同含水环境中有明显不同。

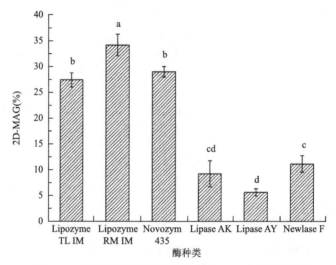

图 2-6　不同种类脂肪酶对藻油 2D-MAG 含量的影响

图中不同字母代表不同组之间存在显著性差异（$P<0.05$），后同

甘油三酯上 sn-2 酰基位置具有较大的空间位阻，sn-2 位置较 sn-1,3 更难以酰基化。因此，具有相同特异性脂肪酶的催化效果受空间位阻及脂肪酸结构的影响较大。与脂肪酶 Novozym 435 和 Lipozyme TL IM 相比，Lipozyme RM IM 是具有特异性的固定化商业化脂肪酶，能区域和立体选择性催化甘油三酯 sn-1,3 位发生水解、酯化和酯交换反应，价格更低且催化 2D-MAG 能力较好，故采用 Lipozyme RM IM 制备 2D-MAG。

利用薄层色谱法（TLC）分别对藻油、2D-MAG 及纯化后 2D-MAG 进行了分析，并根据薄层色谱中斑点的比移值（R_f）对各组分进行了初步判断（图 2-7）。结果显示藻油中分别含有单甘酯（$R_f \approx 0.05$）、游离脂肪酸（$R_f \approx 0.1\sim0.4$）、甘油二酯（$R_f=0.48$）和甘油三酯（$R_f \approx 0.70$）。通过酶法催化藻油与乙醇反应得到的 2D-MAG 在 TLC 板中仅出现一个斑点（$R_f \approx 0.05$），初步断定实验制备的最终产物中单甘酯含量较多。由于产物未经纯化，因此 TLC 的斑点有拖尾现象。对 2D-MAG 进一步萃取纯化后，2D-MAG 的斑点拖尾现象消失且斑点更加集中，表明本实验用 Lipozyme RM IM 催化藻油醇解形成了单甘酯，且纯化方法提高了单甘酯的纯度，但单甘酯的组成及类型还有待于用其他手段加以表征。

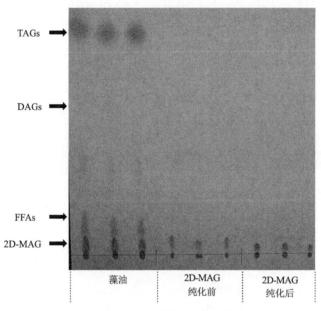

图 2-7　不同种类结构脂质薄层色谱图

采用 HPLC 分析 2D-MAG 纯化前和纯化后的谱图差异（图 2-8），发现 2D-MAG 分别在 4.9 min 和 5.5 min 有最大样品峰出现，表明同时存在两种单甘酯或分子内发生了酰基转移现象。一般条件下单甘酯是 1D-MAG 和 2D-MAG 的混合物，这是由于分子内酰基转移的活化能比较低。经过纯化处理后，2D-MAG 仅在 5.5 min 处有最大样品峰且未见 4.9 min 的样品峰，这表明本研究采用的溶剂萃取法能够在低温条件下结晶分离得到纯度为 88.5% 的 2D-MAG。结构脂的 TLC 和 HPLC 均证明了该制备方法和纯化方法是可靠有效的。操丽丽等以菜籽油和无水乙醇为原料用 Lipozyme TL IM 固定化脂肪酶催化制备高纯度的 2D-MAG，在最优条件下 2D-MAG 的含量从 38.82% 上升到 90.76%，也证实了醇解法会减少 *sn*-2 酰基迁移并提高单甘酯纯度。

采用 ^{13}C-NMR 分析法对纯化后的 2D-MAG 进行结构鉴定，通过 ^{13}C 谱发现，化学位移 δ14.4ppm、δ20.68ppm、δ22.74ppm、δ25.66ppm、δ25.71ppm、δ25.76ppm、δ33.99ppm、δ34.12ppm、δ62.29ppm、δ69.15ppm、δ76.97ppm、δ77.23ppm 分别归属为 12 个 sp^3 杂化碳且化学位移在核磁图谱中的高场区域；化学位移 δ127.14ppm、δ127.73ppm、δ127.76ppm、δ127.98ppm、δ128.09ppm、δ128.18ppm、δ128.19ppm、δ128.35ppm、δ128.37ppm、δ128.43ppm、δ128.66ppm、δ129.58ppm 分别归属为结构式中的 12 个 sp^2 杂化碳。烯基碳的化学位移在

127.14～132.1 ppm 之间，羰基碳的化学位移在核磁图谱的低场区，化学位移 δ172.55ppm 归属为结构式中的羰基碳。^{13}C-NMR 结果可证实产物结构式符合 2D-MAG 的结构预期。

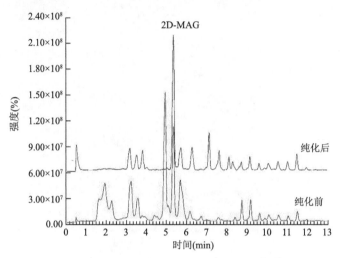

图 2-8　纯化前、后样品中 2D-MAG 液相色谱图

　　在酶法催化合成 2D-MAG 反应过程中，底物物质的量比（藻油/乙醇）、加酶量、反应时间、反应温度均会影响反应进程及产物合成率，反应达到平衡后产物的组成与底物物质的量比有密切关系。由图 2-9 可知，随着底物中藻油/乙醇物质的量比的升高，2D-MAG 的生成率显著增加（$P<0.05$），当藻油/乙醇物质的量比为 1∶80 时 2D-MAG 的生成比例为 37.2%，均高于其他实验组（$P<0.05$）。理论上讲，生成 1 mol 2D-MAG 需要 1 mol 甘油三酯和 2 mol 乙醇，但实际上当藻油与乙醇物质的量比为 1∶2 时 2D-MAG 的生成量仅为 4.4%。Irimescu 等和 Zhang 等均发现在较低藻油/乙醇比例时，无论是 1D-MAG 或是 2D-MAG 合成率均较低，推测是由于甘油完全脱酰后大部分被转化成为乙酯（EEs）和甘油。随着藻油/乙醇物质的量比进一步升高（1∶40），1,2-DAG 的生成量提高至 12.1%（$P<0.05$）。有证据显示当温度或溶剂发生较大改变时，1,2-DAG、1,3-DAG 与 2D-MAG 之间存在酰基转移现象，且这种现象与不饱和脂肪酸酰基有明显的相关性。与 1,2-DAG 相比 1,3-DAG 稳定性较差，容易受到外界条件的改变呈现下降趋势。从图 2-9 可以看出，1,3-DAG 含量在藻油/乙醇物质的量比为 1∶2 时最高（14%），随着底物物质的量比升高其含量快速下降，潜在的原因在于当底物浓度不再是酶催化最适比例时，Lipozyme RM IM 可特异性催化 1,3-DAG 的 sn-1,3 位酰基，导致其含量下降，TAGs 比例随底物物质的量比的变化趋势也能够印证这一推测。

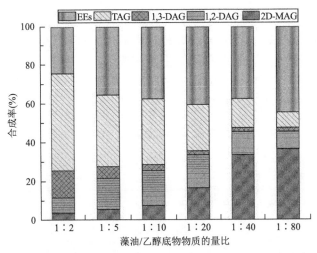

图 2-9　底物比率（藻油/乙醇，物质的量比）对 2D-MAG 合成率的影响

　　在乙醇分解反应中水含量降低会避免结构脂发生酰基迁移。Rodriguez 等的研究表明，与 96%的乙醇相比无水乙醇会显著提高对 TAG 的酯化程度，且生成 2D-MAG 和 FFAs 的比例较高，这表明无水乙醇可以避免酰基迁移，有利于 2D-MAG 催化合成。在催化反应中，Lipozyme RM IM 由于乙醇溶剂相对含量增加，反应产物 2D-MAGs 不但没有降低，反而有所提高，这表明 Lipozyme RM IM 在过量乙醇存在的环境中对结构脂具有较高的催化能力。本研究推测，过量的游离脂肪酸存在于反应环境中会产生大量的羧酸基团，羧酸基团会从脂肪酶表面夺取部分必需水从而间接提高醇的相对含量进而提高反应效率。然而，从经济效益等方面考虑，较高的底物比率不仅会增加整个反应的生产成本，而且会对后续产物纯化及副产物分离带来影响。因此藻油/乙醇物质的量比为 1∶40 是一种较为经济环保的策略。

　　2. 反应温度对单甘酯合成产物的影响

　　一般而言，反应温度升高会加快反应速率从而缩短反应时间，但过高的温度则会降低脂肪酶活性和反应物的稳定性。反应过程中温度适中则有利于脂肪酶发挥最大活性生成更多的单甘酯产物。由图 2-10 可知，2D-MAG 的合成率变化分为两个阶段，当反应温度从 30 ℃升高至 35 ℃时，2D-MAG 合成率由 33.5%增加至 35.8%，当反应体系继续由 35 ℃升温至 55 ℃，合成率则出现下降趋势。这表明 35 ℃ 是 Lipozyme RM IM 催化合成 2D-MAG 的最适温度，该温度下 2D-MAG 的合成率最高。但是 Lipozyme RM IM 催化温度范围较大，2D-MAG 合成率降低并不完全是由于温度过高诱发蛋白质变性而导致酶失活。Zhang 等的研究显示，随着温度升高，反应中 2D-MAG 的含量降低而 1D-MAG 的含量有所增加，说明反应温度升高会导致 2D-MAG 发生酰基迁移。对照本实验中反应物乙酯（EEs）含量，当温度高于 35 ℃后 EEs 含量由 41.5%升高至 49.1%（$P<0.05$），说明在此过程中形成的 1D-MAG 发生了脱酰作用并转化为 EEs。鉴于 DHA 具有较多的不饱和双键且极易受热氧化，对 2D-MAG 的合成需要在相对较低的温度条件下完成，因此 35 ℃是合成 2D-MAG 较为理想的温度水平。

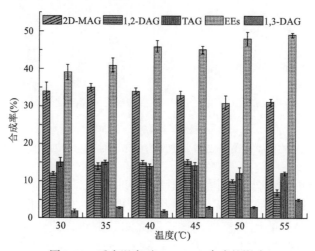

图 2-10　反应温度对 2D-MAG 合成的影响

3. 反应时间对单甘酯合成产物的影响

大多数酶的最适温度不是完全固定的，它与作用时间长短有关，当反应时间延长时酶的最适温度会向反应所需温度数值较低的方向移动。由图 2-11 可见，随着反应的持续 TAG 由最高值 91.3%逐渐降低至 2.5h 后的 3.4%（$P<0.05$），这表明酶催化反应在 0～3 h 内反应速率较高。在此期间，2D-MAG 逐渐升高，并在 3h 后达到最高值 41.2%（$P<0.05$），表明 TAG 醇解反应速率在 0～3h 范围较快，随着反应的持续进行 2D-MAG 含量开始下降，6 h 后降至 19%（$P<0.05$）。结构脂酯化反应是一个可逆反应，在反应开始时反应物浓度较高会促使正反应速率加快，2D-MAG 合成率大幅度提高。当反应到达一定阶段（3h）后，随着产物 2D-MAG 浓度增加，正反应速率逐渐减小而逆反应速率逐渐增大。与此同时，乙酯（EEs）的含量随反应时间持续不断增加，最终在 6 h 后达到 81.3%。研究显示乙酯的存在会抑制酶的活性从而降低水解率。过长的醇解反应时间可能会导致大量的游离脂肪酸生成，甚至 sn-2 位的酰基转移生成 1D-MAG/1,3-DAG 之后被进一步醇解生成甘油和 EEs。综合反应时间及合成产物积累的因素，反应时间为 3h 时酯化反应效率最高、时间成本较低。

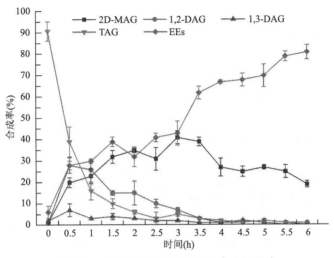

图 2-11 反应时间对 2D-MAG 合成的影响

4. 酶添加量对单甘酯合成产物的影响

一般情况下,酶作为合成反应催化剂与反应速率及产物生成量呈正相关关系。本实验考察了 4%~16%酶添加量对 2D-MAG 合成率的影响。由图 2-12 可见,当 Lipozyme RM IM 含量从 4%增加至 10%后,2D-MAG 生成量从 22.4%增加至 39.1% ($P<0.05$),这表明加酶量对酶解效果有显著的影响,此时酯化反应主要表现为酶控制反应。当加酶量超过 10%后,2D-MAG 生成量由 39.1%逐渐下降至 33.5% ($P<0.05$),说明酶量增加并没有进一步提高产物的生成率,此时表现为底物控制

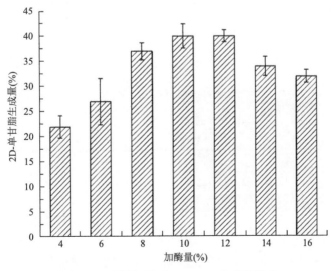

图 2-12 酶添加量对 2D-MAG 合成的影响

反应。酶量增加只会加快反应速率，而醇解反应是复杂的可逆反应，酯合成反应加快的同时油脂水解反应也相应加速，由此引起的水解副反应会逐步抑制酶对底物的酶解。此外，同一种脂肪酶在不同的溶剂介质中的位置选择性和催化活性也有较大差别，这种差别通常与溶剂的性质有关。研究发现 Novozym 435 在过量乙醇与无乙醇条件下对 TAG 的 sn-1,3 特异性有明显不同。当反应中有水存在时，水环境也会限制酶的整体构象移动从而抑制酶的活性。鉴于酶的催化效果及经济成本，添加 10%的 Lipozyme RM IM 更为有效和合理。

5. 脂肪酶重复利用率评价

酶的重复利用率是评价酶在催化反应中的适用性及功能效价的重要指标。为了评价 Lipozyme RM IM 催化合成 2D-MAG 的效价能力，本研究在完成催化反应后，过滤并回收了 Lipozyme RM IM 以测试其重复利用效率。图 2-13 显示酶的回收率随使用次数的增加呈总体下降趋势，回收第 10 次时 Lipozyme RM IM 回收率下降至起始值的 35.6%，平均单次酶损耗率大约在 3.56%，这说明在 2D-MAG 合成过程中 Lipozyme RM IM 有效载荷为 3%~4%。由于在催化反应过程中酶与底物接触面大小有差异，因此并非全部酶参与了酶反应，尚不清楚酶添加量在促进产物合成率与酶损耗率降低之间存在何种联系。Lipozyme RM IM 在重复第 5 次时，2D-MAG 的含量从 40.1%下降至 36.5%（$P>0.05$），这表明 Lipozyme RM IM 脂肪酶具有良好的稳定性。但是重复使用第 6 次后，2D-MAG 的含量较前 5 次显著降低（$P<0.05$），表明尽管 Lipozyme RM IM 总体催化能力较稳定，但随着反复

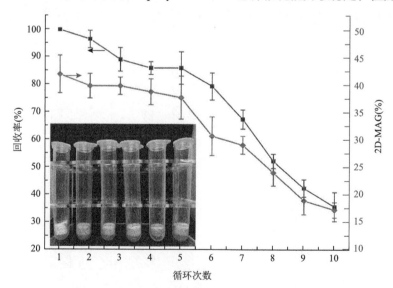

图 2-13　Lipozyme RM IM 催化合成 2D-MAG 的重复利用率及表观差异

利用次数增加，其催化活性在后期有显著弱化现象。Zhang 等报道了 Lipozyme 435 在酶促醇解反应中重复利用 7 次后仍然能够发挥酶的活性，但也有研究发现 Lipozyme TL IM 在乙醇介质中催化期间搅拌对酶颗粒结构具有破坏作用，致使脂肪酶无法回收从而严重影响催化活性。因此，在酶促反应中脂肪酶的固定对其重复利用效果有积极作用。

6. 混合油脂体系下单甘酯合成差异

为了研究 SFA、PUFA 及 MUFA 在甘油 sn-2 位的竞争酯化差异，本实验将不同比例植物油混合后得到总脂肪酸 SFA∶PUFA∶MUFA ≈ 1∶1∶1 的混合油脂，考察混合油脂中 sn-2 位脂肪酸酰基的组成及含量。基于不同植物油脂肪酸组成的特点（表 2-3），预实验分别对藻油、椰子油及棕榈油的脂肪酸含量进行了测定，发现藻油中 PUFA 含量比例为 54.26%，显著高于 SFA（36.7%）及 MUFA（7.1%）。在多不饱和脂肪酸中 DHA（44.37%）和 C16:0（27.5%）含量较高，是理想的多不饱和脂肪酸来源。菜籽油中 MUFA 含量最高，其中 C18:1 占比高达 55.37%。相比 MUFA 含量，PUFA 含量次之，C18:2 含量占比 20.03%，是理想的单不饱和脂肪酸来源。80.5% 的 SFA 是椰子油最显著的特点，其中 C12:0 占总脂肪酸含量的 43.4%，是良好的饱和脂肪酸来源。为了平衡混合油中 SFA、PUFA 及 MUFA 的相对比例，预实验又采用添加棕榈油的方式调配三者相对含量，反复调配后最终得到含有 39% 藻油、35% 葡萄籽油、22% 椰子油及 3% 棕榈油的混合油，经过对混合油脂肪酸的测定发现，混合油 SFA、PUFA 及 MUFA 三者的比例分别为 30.9%、28.7% 和 40.3%，各种脂肪酸比例接近于 1∶1∶1。

表 2-3　混合油总脂肪酸及其 sn-2 位脂肪酸组成（%）

脂肪酸	藻油	菜籽油	椰子油	棕榈油	混合油 [a]	混合油（sn-2 位）
C8:0	—	—	5.3±0.62	0.52±0.35	0.5±0.08	0.3±0.13
C10:0	—	—	4.6±0.35	—	1.1±0.15	1.0±0.10
C12:0	—	—	20.4±1.81	—	3.1±0.52	1.6±0.21
C14:0	6.21±0.22	0.04±0.01	36.8±4.77	2.11±0.29	6.2±0.31	5.2±0.48
C16:0	27.5±1.94	4.27±0.16	5.6±0.40	56.26±4.64	20.6±1.35	21.1±1.75
C16:1	1.73±0.15	0.08±0.02	2.47±0.19	—	14.6±0.87	13.2±0.99
C18:0	2.99±0.22	2.14±0.10	2.8±0.11	4.74±0.11	4.2±0.34	3.9±0.36
C18:1	5.37±0.31	55.37±2.69	5.26±3.42	25.38±1.95	14.1±0.78	13.3±0.49
C18:2 n-6	0.51±0.06	20.03±2.14	1.8±0.22	5.28±0.33	9.3±0.30	8.9±0.35
C18:3 n-3	0.46±0.01	8.43±0.97	0.34±0.08	0.22±0.02	1.0±0.14	0.6±0.52

续表

脂肪酸	藻油	菜籽油	椰子油	棕榈油	混合油 [a]	混合油 （sn-2 位）
C20:1	—	3.83±0.42				
C20:4 n-3	0.24±0.02	—	—	—	3.9±0.12	3.5±0.36
C20:5 n-3	1.26±0.31	1.21±0.24	—	0.84±0.12	8.2±0.97	7.7±0.28
C22:1	—	—	1.25±0.14	—	—	—
C22:5 n-6	7.42±0.12	0.54±0.06	—	—	1.3±0.23	1.0±0.16
C22:6 n-3	44.37±2.75				18.5±0.55	16.9±0.93
C24:1	—	0.3±0.01	0.73±0.06	—	—	—
∑SFA	36.7±3.94	6.45±0.77	80.5±6.97	63.63±4.88	30.9±2.53	32.9±3.64
∑MUFA	7.1±0.20	59.58±3.65	9.71±1.02	25.38±3.15	28.7±2.95	26.9±1.85
∑PUFA	54.26±3.34	30.21±3.02	2.14±0.40	6.34±0.40	40.3±2.75	40.3±4.26

a 混合油由藻油、菜籽油、椰子油和棕榈油组成（0.39∶0.35∶0.22∶0.03，质量分数）。
—表示未检出

研究认为，脂肪酸分布在不同的脂质组分中，可能是脂肪酶对脂肪酸选择性的结果。经过对混合油脂进行 Lipozyme RM IM 酶催化合成 2D-MAG 研究发现，处于 sn-2 位的 MUFA 能够达到 26.9%，其中 C18:1 占比能够达到 13.3%，显著高于其他脂肪酸比例（P<0.05）。与 MUFA 相比，PUFA 比例较高（40.3%），DHA 占比为 16.9%。尽管混合油脂中 SFA 含量比例为 30.9%，但酯化后 sn-2 酰基位检测到 32.9% SFA（图 2-14）。结果表明，在三类脂肪酸（近似）等比例存在时，单甘酯的 sn-2 位酰基上更容易接入多不饱和脂肪酸。造成该结果的原因可能在于油脂中 TAG 以 MLM 型为主，并且有研究已证实 MLM 型结构脂更稳定，不易发生酰基异位。当 Lipozyme RM IM 酶特异性水解 TAG 后 sn-2 位接入长链不饱和脂肪酸 2D-MAG 的比例较高，且更容易形成 MLM 或 SLS 型结构脂。也有研究发现，

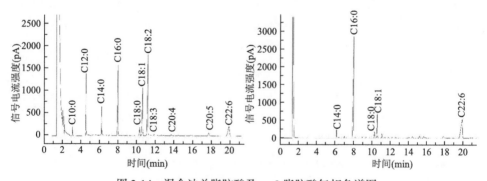

图 2-14　混合油总脂肪酸及 sn-2 脂肪酸气相色谱图

在 TAG 酶解过程中 Lipozyme 435 攻击 *sn*-2 位 DHA 的速度低于饱和脂肪酸，这也表明特异性脂肪酶对长链不饱和脂肪酸的作用能力比短链的饱和脂肪酸弱。尽管如此，相关的机理机制和理论解释还有待于进一步深入研究。

2.3.5　研究结论

以藻油为原料研究了 *sn*-2 长链多不饱和单甘酯（2D-MAG）的酶法制备方法，筛选出催化能力强、经济合理的脂肪酶，考察了藻油与乙醇的底物物质的量比、反应时间、反应温度和脂肪酶重复利用次数对 2D-MAG 合成产物的影响，并分析了混合油脂体系中 *sn*-2 位多不饱和脂肪酸单甘酯合成特点，结果表明：

（1）C22:6（44.37%）和 C16:0（27.5%）是藻油主要的脂肪酸成分。在藻油总脂肪酸中，多不饱和脂肪酸大多数是具有生理活性的 *n*-3 PUFA，其含量约占藻油 PUFA 含量的 85.39%。在藻油甘油三酯的 *sn*-2 位置上 DHA 含量最高（47.38%），其次是 C16:0（18.85%）和 C22:5（11.34%）。PUFA 在藻油 *sn*-2 位的比例高达 64.29%，这表明藻油是 *sn*-2 长链多不饱和脂肪酸结构脂较为理想的制备原料。

（2）六种商业脂肪酶 Lipozyme RM IM、Lipozyme TL IM、Novozym 435、Lipase AK、Lipase AY 和 Newlase F 催化合成 2D-MAG 的活性由高到低依次为：Lipozyme RM IM＞Novozym 435＞Lipozyme TL IM＞Newlase F＞Lipase AK＞Lipase AY。与固定化生物催化酶 Novozym 435 和 Lipozyme TL IM 相比，Lipozyme RM IM 价格更低且催化 2D-MAG 能力最强。

（3）以藻油为原料，采用 Lipozyme RM IM 醇解制备且纯化分离得到了纯度为 88.5% 的 2D-MAG，TLC 和 HPLC 表征显示制备和纯化方法是有效可靠的。此外，当藻油/乙醇底物物质的量比为 1∶40、酶添加量为 10%、反应时间为 3h、反应温度为 35℃条件下利用 Lipozyme RM IM 催化藻油醇解更有利于 2D-MAG 合成产物的积累。

（4）Lipozyme RM IM 脂肪酶在重复第 6 次后，2D-MAG 的含量较前 5 次显著降低（$P < 0.05$），尽管 Lipozyme RM IM 脂肪酶总体催化活性较稳定，但随着反复利用次数的增加，其催化活性在后期有显著弱化现象。因此，在酶促反应中固定脂肪酶会对脂肪酶的重复利用具有积极作用。

（5）在复配 39% 藻油、35% 葡萄籽油、22% 椰子油及 3% 棕榈油的混合油中，SFA、PUFA 及 MUFA 三者的比例分别为 30.9%、28.7% 和 40.3%，各种脂肪酸比例接近于 1∶1∶1。通过对混合油脂 Lipozyme RM IM 酶催化合成 2D-MAG 研究发现，处于 *sn*-2 位的 MUFA 能够达到 26.9%，其中 C18:1 占比能够达到 13.3%，显著高于其他脂肪酸比例（$P < 0.05$）。在三类脂肪酸（近似）等比例存在时，单甘酯的 *sn*-2 位酰基上更容易接入多不饱和脂肪酸。相关的机理机制和理论解释还有待于进一步深入研究。

2.4　sn-2 位长链 MLM 型结构脂的酶法制备

2.4.1　研究背景

在结构脂中，MLM 型结构脂被认为是结构脂中最理想的。MLM 型结构脂是指在甘油碳链的 sn-2 位连接长碳链脂肪酸（L），sn-1,3 位连接中碳链脂肪酸（M）的一种特殊结构脂。已有研究表明，MLM 型结构脂具有吸收好、功能强的优势和特点，具有最好的保健和营养特性，不仅具有抗菌、抗炎症的特性，还可以有效降低总胆固醇和低密度脂蛋白胆固醇，并且不影响循环中的高密度脂蛋白胆固醇含量。

目前，针对 MLM 型结构脂的合成制备方法主要有酶法合成。与化学法相比，酶解法由于条件温和、催化专一性高、易于分离等优点，在制备 MLM 型结构脂产品中得到了广泛应用。利用酶法催化制备 MLM 型结构脂的方法可以分为一步和多步（两步和三步）合成法。一步酶法制备 MLM 型结构脂存在去除副产物（如甘油二酯）困难、纯化较复杂、酰基迁移率高的缺点。三步酶法过程主要由三种以上不同定位脂肪酶对甘油和酰基供体进行酯化、甘油水解和酸解，因此合成过程耗时长、成本高、环保效益差，很难进行大规模工业化生产。相比而言，两步酶法制备 MLM 型结构脂是一种较为理想的绿色、高效方法。

两步酶法是利用 sn-1,3 特异性脂肪酶酶解天然油脂生成 2D-MAGs，再通过脂肪酶催化 2D-MAGs 和中链脂肪酸酯化得到 MLM 型结构脂。与前两种方法相比，两步酶法制备 MLM 型结构脂的过程可大大减少酰基转移的发生率，在增强反应特异性的同时还提高了工艺生产率，适合于制备结构复杂、生产成本较高的结构脂。一般情况下，在结构脂合成的过程中甘油三酯的酰基容易发生转移，这个过程会产生不必要的甘油酯，致使目标产物纯度降低。即使采用 sn-1,3 区域选择性脂肪酶，也会发生酰基迁移现象生成 MLM 型结构脂的副产物。因此，酰基迁移必须靠改变反应参数（如反应温度、酶负载、含水量和溶剂类型）来加以控制。

2.4.2　研究内容

以藻油为原料，采用两步酶法制备 2-二十二碳六烯基单甘酯（2D-MAG），并引入辛酸酶解反应制备 sn-1,3 位含辛酸，sn-2 位含 DHA 的 MLM 型结构脂，在此过程中分别考察脂肪酶种类、藻油与乙醇的底物物质的量比、反应时间、反应温度和脂肪酶重复利用次数对 MLM 型结构脂合成产物的影响。

2.4.3　研究方法

1. MLM 型结构脂制备总体路线

MLM 型结构脂是通过两步酶促反应得到的。实验的第一个阶段是藻油中的甘油三酯与无水乙醇作为反应介质，在 *sn*-1,3 特异性水解酶的作用下发生乙醇分解反应得到 2D-MAG。第二个阶段是酯化反应，即辛酸与 2D-MAG 在 *sn*-1,3 特异性水解酶的催化下，C8:0 进入 2D-MAG 单甘酯的 *sn*-1 和 *sn*-3 的位置。经过纯化后最终得到 *sn*-1,3-辛酸-2-二十二碳六烯酸（1,3C-2D-TAG）结构脂。反应过程如图 2-15 所示。

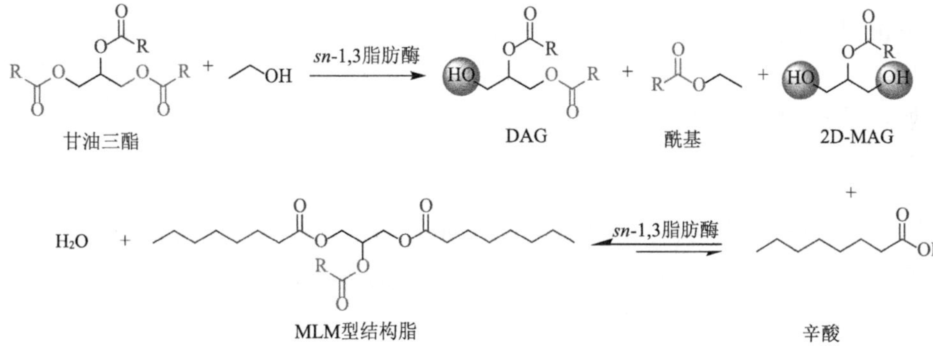

图 2-15　两步酶解 MLM 型结构脂反应示意图

2. 单甘酯的酶法制备及纯化

2-二十二碳六烯基单甘酯（2D-MAG）的制备按照 Morales-Medina 等的方法并做适当修改：称取 0.9 g 藻油和适量无水乙醇加入至 50 mL 具塞锥形瓶中，加入 0.4 g 固定化脂肪酶（4%～16%，底物质量分数），在转速为 200 r/min、30～55 ℃反应条件下进行磁力搅拌 4～16h。将反应混合物离心后过滤除去脂肪酶。取一定量离心样品，加入 30 mL 正己烷和 10 mL 0.8 mol/L 的 KOH 醇溶液（30%乙醇），剧烈振荡 2 min 后静置 5 min。下层醇-水溶液中加入 15 mL 正己烷进行二次提取，剧烈振荡 2 min 后静置分层。形成两层后收集富含 2D-MAG 的乙醇相，以相同体积的正己烷洗涤两次。合并两次萃取所得上清液，在 40 ℃水浴温度下旋转蒸发去除有机溶剂，所得样品称质量后置于−20 ℃冰箱保存用于后续分析。另外收集固定化酶，用无水乙醇/正己烷（1:1）洗涤 3 次后，对回收的固定化酶进行真空处理，去除有机溶剂并称重后计算合成率。用相同流程分别考察反应时间、反应物物质的量比、脂肪酶负载、反应温度等参数下 2D-MAG 的合成率。

sn-2 长链单甘酯的纯化方法如下：在 Esteban 等提出的优化方法基础上，采用溶剂萃取法对 2D-MAG 进行纯化。将 1 g 无溶剂产物溶解于 15 mL 正己烷中，

然后加入 10 mL 85%乙醇水溶液，将混合溶液转移到分离漏斗中静置分层。形成两层后，去除含有酯类和未反应甘油三酯残基上层，保留含 2D-MAG 的萃取层。将下层有机相在 40℃水浴条件下旋转蒸发挥干其他有机相，然后将样品加入至乙醇/正己烷（90∶10，体积比）溶液中以 3500 r/min 的速度离心 5 min，吸取上层 2D-MAG 的己烷相，置于−18℃冰箱中用于后续的定性定量分析及酯化反应。

3. 脂肪酶催化 MLM 型结构脂反应

参考 Rodríguez 等的方法并做适当修改：称取 100 g 制备好的 2D-MAG，加入 150 g 辛酸、25 g 脂肪酶、1000 mL 正己烷和 2 g 4A 分子筛。在转速为 200 r/min、40℃反应条件下进行磁力搅拌 5h，待反应结束后，将脂肪酶以 5000 r/min 离心 10 min，得到最终的 MLM 结构脂样品。用相同流程依据后续实验需求扩大反应物倍数，并分别考察反应时间、反应物物质的量比、脂肪酶负载、反应温度等参数下 1,3C-2D-TAG 的合成率。

4. MLM 型结构脂纯化过程

采用 María 等的方法对 MLM 结构脂进行纯化：离心去除脂肪酶后，用无水硫酸钠干燥有机相，并通过真空蒸发除去过量的溶剂。使用柱色谱法纯化反应混合物，将 10 g 硅胶和 10 g 氧化铝加入到 50 mL 正己烷中制成浆料，然后倒入 300 mm×30 mm 色谱柱中。将含有 MAG、DAGs、TAGs 的反应混合物装载到层析柱上，然后用正己烷/乙醚（95∶5，体积比）溶液进行洗脱。回收洗脱后的分级组分，用 TLC 和 HPLC 对洗脱后的组分进行分析，根据分析结果收集纯化后的 1,3C-2D-TAG 结构脂，将其保存在−20℃以备后续分析和表征。

5. MLM 型结构脂分析与鉴定

用薄层色谱法（TLC）分析油脂类型（FAEEs、TAGs、FFAs、DAGs、MAGs）：薄层色谱板用之前在 105℃预先活化 1h。用 200 μL 正己烷∶二乙醚（84∶16，体积比）稀释 10 μL 样品，1μL 样品被点样在活化后的薄层板上，置于炉温为 120℃烘箱中 5 min 以挥发溶剂。将正己烷∶二乙醚∶甲酸（84∶16∶0.04，体积比）溶液喷涂在薄层板上展开，用碘蒸气显色，根据各反应物的条带和比移值确定油脂类型。将目标条带刮下用气相色谱法分析 1,3C-2D-TAG 结构脂脂肪酸组成。

采用 DSC 法评价热反应。参照 Wang 等（2015）的方法并做适当修改：采用差示扫描量热仪对加热期间结构脂的熔融结晶形貌进行分析。将 3 mg 样品称重后置于铝盘中，并做密封处理，同时将空盘作为对照比较。将样品和对照盘置于 DSC 的测量室中，以 5℃/min 速度加热样品从−60℃到 40℃，并在 40℃保持 10 min，然后以 5℃/min 的速度降温至−60℃，在−60℃下保持 10 min，最后以 5℃/min 加热样品到 40℃。选择的温度范围从低于甘油三酯的熔点温度至高于甘油三酯的熔点温度。

采用质构仪分析 MLM 型结构脂黏稠度。将样品倒入反挤压装置所配置的容器中，选取直径为 30 mm 的反挤压活塞片为挤压探头；将反挤压装置放置于质构仪的平板上，探头以匀速对样品进行下压，接触样品表面并感受 1.5 g 的触发力时，仪器开始记录样品受挤压而产生的力，达到目标位移 5 mm 后，探头开始以测试后速度返回到起始位置。

采用 UPLC-MS/MS 法分析结构脂类型，采用 GC-FID 法测定 MLM 型结构脂 *sn*-2 位脂肪酸组成，方法见 2.3.3 节。MLM 型结构脂理化特性分析：密度、折光指数、皂化值、碘值分别参考 Biranchi 等的方法测定。透明度测定参照《植物油脂 透明度、气味、滋味鉴定法》（GB/T 5525—2008）方法测定。采用氧弹量热法测定油脂的热量。

2.4.4　研究结果

1. 脂肪酶的筛选

由于脂肪酶的来源不同，其稳定性、催化活性和底物专一性也不同，因此筛选能够高效催化合成 MLM 型结构三酯的脂肪酶至关重要。为了确定酯化反应中适宜的脂肪酶，对常用的三种脂肪酶 Lipozyme RM IM（米黑根毛霉，*Rhizomucor miehei*）、Lipozyme TL IM（疏绵状嗜热丝孢菌，*Thermomyces lanuginosa*）和 Novozym 435（南极假丝酵母，*Candida antarctica*）进行了对比筛选。由图 2-16

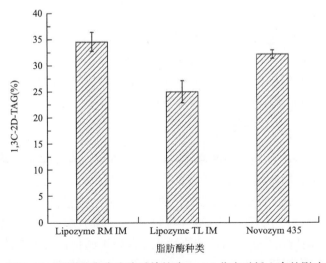

图 2-16　不同种类脂肪酶对单甘酯 *sn*-1,3 位辛酸插入率的影响

可知，三种商业化固定脂肪酶催化辛酸插入 sn-1,3 位形成 MLM 型结构脂的合成率有明显差异，其中 Lipozyme RM IM 的催化活性最高，辛酸的插入率达到 34.6%。Lipozyme TL IM 和 Novozym 435 催化后辛酸的插入率分别为 25.1% 和 32.2%，三种脂肪酶的催化活性由高到低依次为：Lipozyme RM IM ＞ Novozym 435 ＞ Lipozyme TL IM。Lipozyme RM IM 是一种 sn-1,3 特异性脂肪酶，可酯化生成 MAGs 和 DAGs，也被广泛用于结构脂的合成研究。

　　研究表明，尽管 Lipozyme TL IM 能够在乙醇分解反应催化中得到较高比例的单甘酯，但这种酶在水相介质中脂肪酶颗粒形态较差，无法回收再利用，这被认为是 Lipozyme TL IM 颗粒在水相介质中发生崩解所导致的。两步酶法中第二步酯化反应后期会有部分水生成，如果酯交换反应环境中含水量较多，得到的结构脂产品则会大幅降低，这是由于脂肪酶通常倾向于在亲水环境里从甘油三酯上水解脂肪酸。因此，对脂肪酶催化的酯化反应必须限制反应环境中水的含量。尽管降低水含量有利于酯化过程成为主导反应，但为了保证酶的完整性，反应中还需要有少量水来维持脂肪酶的催化效率，并且少量水的存在还会防止酶在体系中失活。基于这些原因，在两步酶法醇解反应中使用 Lipozyme RM IM 脂肪酶，并且在反应中加入了少量 4A 分子筛以提高反应产物的合成率并兼顾反应中脂肪酶的催化效率。

　　酶催化醇解反应是一个热力学反应，温度不仅影响油脂底物的溶解状态和黏度，而且会影响底物在反应体系中的传质效率。由于酶对温度较为敏感，温度过高或过低都会抑制酶的活性进而降低酶解反应速率，因此反应条件（温度、酶含量、反应时间）对产物的合成率影响较大，反应达到平衡后产物的组成与底物物质的量比也存在紧密联系。Hamam 等（2005）研究了癸酸在单甘酯 sn-1,3 位的合成条件，当反应温度为 40℃，底物物质的量比为 1：3，酶含量为 4% 条件下反应24 h 后，甘油三酯分子的 sn-1,3 位置接入的癸酸含量较高。在预实验的基础上，最终选择以 10% 的酶添加量、1：5 的底物浓度（2D-MAG/辛酸）、40℃反应温度、4 h 反应时间作为 1,3C-2D-TAG 结构脂的合成条件。

　　2. MLM 结构脂的 TLC 分析

　　以无水乙醇为介质进行酶解制备 1,3C-2D-TAG 的过程是：将 C8:0 作为2D-MAG 结构脂甘油骨架 sn-1,3 位置的中链脂肪酸的来源，通过两步酶法最终合成 MLM 型 sn-2 长链多不饱和脂肪酸甘油三酯。在结构脂合成过程中，除了生成目标结构甘油三酯以外，还会生成一些副产物，如单甘酯、甘油二酯和游离脂肪酸等，这些物质会依据分子量大小自下而上以条带形式依次展开在薄层色谱板上。通过甘油三酯比移值范围（R_f=0.7～0.85）可知，1,3C-2D-TAG 的 TLC 图谱中甘油三酯的斑点位置为 R_f=0.83（图 2-17），处于甘油三酯 TLC 比移值范围内，可初步认定本研究的合成路线及方法是有效的。此外，TLC 图谱中 $R_f = 0.23$ 的位置处有斑点存在，经 GC（气相色谱法）鉴定为未充分参与反应的辛酸。有学者报道了用二十碳五烯酸（EPA）与三辛酸甘油三酯进行酶法改性并得到了 37.8%的 ABA 型甘油三酯，研究表明 EPA 的乙酯混合物比各自的脂肪酸能够更有效地合成为结构脂。尽管如此，1,3C-2D-TAG 结构脂的鉴定还需其他手段。

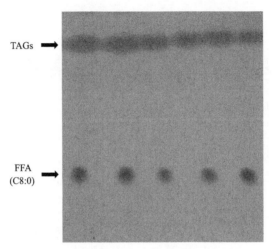

图 2-17　1,3C-2D-TAG 结构脂的 TLC 图

3. MLM 结构脂的 UPLC-MS/MS 分析

本研究根据甘油三酯洗脱时间、种类，按当量碳数（ECN）= TC−2×DB（TC 是酰基的总碳数，DB 是 TAG 中双键的总数）进行峰识别，图谱如图 2-18 所示。经过质谱鉴定可知合成的结构脂的甘油三酯组成和分布分别为 MMM 型 8.3%、MLM 型 42.6%、MLL 型 12.7%、LLL 型 4.5%。结果表明获得的结构脂类型主要为 MLM 型，它在 *sn*-1,3 位含有较高比例的辛酸，同时保留了 *sn*-2 位多不饱和长链脂肪酸 DHA。Xu 等用脂肪酶 Lipozyme RM IM 催化辛酸与芥花油反应，反应产物的辛酸在甘油三酯的 *sn*-1,3 位且质量分数为 40.1%。

尽管合成 MLM 结构脂最简单和直接的方法是利用特异性脂肪酶催化长链甘油三酯和中链脂肪酸的酸解反应，但是酰基迁移是反应过程中降低结构脂产率的主要限制因素之一。基于本研究，用含有多不饱和脂肪酸的藻油进行酶催化醇解得到 2D-MAG 后，再将中链脂肪酸辛酸在 *sn*-1,3 特异性酶的催化下接入 2D-MAG 的 *sn*-1 和 *sn*-3 位能够获得理想的结构脂。尽管如此，甘油三酯醇解生成单甘酯的效率和高纯度单甘酯的持续生成仍然是整个反应过程中的限制性环节。研究表明酶法醇解生成 2D-MAG 的主要问题在于加入乙醇对酶活性的抑制作用以及溶剂、高温所引起的酰基迁移。为了减少这种负面影响，本研究经过反复试验发现逐渐加入乙醇和减少反应时间能够避免酰基迁移或甘油三酯重构。此外，使用限制酰基迁移的有机溶剂（乙醚、丙酮）或降低反应温度也能够获得理想的效果。

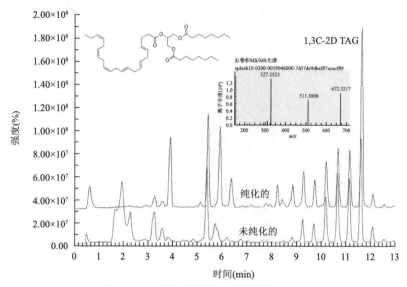

图 2-18　MLM 结构脂的超高效液相色谱图

2.4.5　研究结论

本节利用 Lipozyme RM IM 脂肪酶催化藻油和辛酸发生两步法醇解反应制备 MLM 型 1,3C-2D-TAG 结构脂,在研究反应条件的基础上采用 TLC、UPLC-MS/MS 和 GC 对结构脂进行定性定量分析，研究表明:

（1）Lipozyme RM IM、Novozym 435、Lipozyme TL IM 三种商业化固定脂肪酶催化辛酸插入 *sn*-1,3 位形成 MLM 型结构脂的合成率有明显差异,其中 Lipozyme RM IM 的催化活性最高，其催化活性由高到低依次为：Lipozyme RM IM ＞ Novozym 435＞Lipozyme TL IM。选择 10% 的 Lipozyme RM IM 酶添加量、1∶5 的底物浓度（2D-MAG/辛酸）、40℃ 反应温度、4h 反应时间作为 1,3C-2D-TAG 结构脂的合成条件。

（2）合成的 1,3C-2D-TAG 的 TLC 的斑点位置为 $R_f = 0.83$,经过 UPLC-MS/MS 进一步鉴定,结构脂的甘油三酯组成和分布分别为 MMM 型 8.3%、MLM 型 42.6%、MLL 型 12.7%、LLL 型 4.5%。获得的结构脂类型主要为 MLM 型，其在 *sn*-1,3 位含有较高比例的辛酸，同时保留了 *sn*-2 位多不饱和长链脂肪酸 DHA。实验表明通过两步酶法获得了理想的 MLM 型 1,3C-2D-TAG 结构脂。

第3章　*sn-2* 位长链结构脂酶法合成技术的影响因素

3.1　*sn-2* 位长链结构脂酶法制备技术的影响因素类别

脂肪酶（lipase）又称甘油三酯水解酶，是由以甘露糖为主的亲水糖基部分和以蛋白质为主体的疏水部分组成，其活性中心靠近分子的蛋白质部分。脂肪酶的来源很多，商业用途脂肪酶主要来源于微生物、植物和动物。其中，微生物脂肪酶大多属于由 Ser、His 和 Asp 残基形成的催化三联体的 α/β 脂解酶，热稳定性好且催化过程中无需辅酶，应用范围比较广。尽管脂肪酶用于酶解合成结构脂并作为生物催化剂用于 TAG 的水解和酯化，但是在酶法合成结构脂反应中并不是所有的脂肪酶都具有酰基位置选择性，大多数脂肪酶水解 TAG 的酰基位置也具有随机性，只有一部分特异性脂肪酶（如 *sn-1,3* 脂肪酶）在接近室温和常压条件下才会在甘油三酯的特定酰基位点发挥定点催化作用。

尽管来自微生物源的商业固定化脂肪酶已广泛用于结构脂的制备，但其价格昂贵，限制了某些工艺和产品工业化生产。相对于化学反应来说，酶法合成结构脂的优点是操作温度较低，热降解最小，且可得到理想的反应产物。然而，受反应条件的制约，还是有诸多因素会影响酶法合成结构脂，这些因素包括：酶的种类、酰基供体种类、反应温度、反应时间、水分活度、酶量及底物比例等。在众多影响因素中，酶的种类对结构脂合成类别尤为重要，是结构脂合成的主要限制性条件之一。因此，脂肪酶的活性、稳定性、重复利用次数、成本和可得到性等因素也决定着酶催化结构脂工业化生产的可行性。

3.1.1　脂肪酶种类和特性

脂肪酶对结构脂酰基种类及位置的特异选择性与脂肪酶来源、脂肪酶结合位点、界面处物理化学状态、底物结构特征有较大关系。根据反应特异性类型，*sn-2* 位长链结构脂脂肪酶大致可以分为三类：第一类脂肪酶催化时具有位置或区域选择性，这类脂肪酶会定向专一水解 TAG 中 *sn-1* 和/或 *sn-3* 的酰基连接位置，使反应环境中较多的脂肪酸优先连接在 TAG 的 *sn-1* 和/或 *sn-3* 位置上。由于空间位阻及催化活性效应，这类脂肪酶对 *sn-2* 位酰基连接位点不产生催化连接作用，因此适用于选择 *sn-1* 和/或 *sn-3* 的酰基合成的 TAG。位置专一性由脂肪酶种类和底物浓度决定。Lin 等的研究证实，使用 *sn*-1, 3 特异性脂肪酶催化甘油和 *sn*-2 位不饱和脂肪酸含量高的甘油三酯的酯交换，可以降低甘油三酯整体的饱和程度，提高不饱和脂肪酸在甘油三酯中的相对含量。第二类脂肪酶由于自身结合位点的局限性，能够有效识别 TAG 的 *sn*-1 和 *sn*-3 酰基结合位置，其水解这两类酯键的速度存在较大差异。立体专一性由脂肪酶来源、底物浓度和 TAG 连接的酰基决定。相关研究分别使用了 Novozym 435、Lipozyme 435、Lipozyme TL IM 和 Lipozyme RM IM 四种 *sn*-1,3 特异性脂肪酶催化微藻油与 PUFA 酸解合成出富含 PUFA 的母乳模拟结构脂，结果表明尽管四种特异性脂肪酶催化效果存在差异，但其均能够较好实现对 *sn*-1,3 酰基位的有效识别。第三类脂肪酶能够有效识别脂肪酸种类。对于不饱和脂肪酸、长碳链脂肪酸、中碳链脂肪酸以及短碳链脂肪酸具有差别化的催化能力。胰脂肪酶对短链脂肪酸具有专一性作用，Lipozyme TL IM 则对中长链脂肪酸具有特异选择性。寿佳菲等以菜籽油和辛酸为原料，用商品化 *sn*-1,3 特异性脂肪酶 Lipozyme TL IM 作为催化剂，采用单因素试验结合响应曲面优化得到酶法制备结构脂质的工艺条件，该研究证实采用固定化脂肪酶 Lipozyme TL IM 催化合成结构脂的方法过程简单、条件温和、产物易于分离。常用的商业化结构脂固定脂肪酶信息见表 3-1。

表 3-1　常用的商业化结构脂固定脂肪酶

脂肪酶	来源	固定相
Lipozyme RM IM	*Rhizomucor miehei*	阴离子交换树脂
Lipozyme TL IM	*Thermomyces lanuginosa*	二氧化硅颗粒
Novozym 435	*Candida antarctica* 的脂肪酶 B	大孔丙烯酸树脂
Lipozyme 435	*Candida antarctica* 的重组脂肪酶	黑曲霉固定化
脂肪酶 MAS1	海洋放线菌	XAD1180 树脂
脂肪酶 PCL	卡门柏青霉菌	树脂 ECR8806

3.1.2　脂肪酶反应温度和时间

　　脂肪酶是一种活性蛋白质，其催化作用受温度的影响较大，提高温度可以增加酶促反应的速率。大多数 *sn*-2 位长链结构脂脂肪酶的最佳温度范围为 30～60℃，在此温度范围内，脂肪酶活性最强，酶促反应速率最大。温度每升高 10℃，反应速率加快一倍左右，温度继续升高后高温则会破坏脂肪酶分子的二硫键，导致肽键水解、天冬氨酸和谷氨酰胺残基的脱氨反应，进而降低脂肪酶在反应体系中的稳定性、亲和力和竞争反应优势，最终导致 *sn*-2 位长链结构脂脂肪酶失活。

一般而言，在酯交换反应中所用的最佳温度选择主要是考虑对原料性质及反应体系的影响。无溶剂体系中，温度必须保持足够高以保持底物的液体状态，在某些情况下温度必须超过一定温度才能使底物液化，此时热稳定性更强的脂肪酶才能发挥催化作用，因此，有/无溶剂体系是结构脂合成反应选择脂肪酶的重要考量之一。

3.1.3　脂肪酶用量及底物组成

一般情况下，催化反应中反应速率与脂肪酶浓度成正比关系，即酶浓度越高，催化反应速率越快。但这种量效线性关系仅在一定范围内成立，反应速率不会由于酶浓度持续升高而无休止地增加。Kadivar 等研究发现，随着 Lipozyme RM IM 脂肪酶加入量增加，油酸在甘油三酯中 sn-2 位的插入率显著提高，当脂肪酶添加量超过底物质量的 10% 时，产物的合成率不再发生明显变化。究其原因是脂肪酶量增加会加快反应速率，与此同时油脂水解反应也会相应加速。随着脂肪酶催化作用增强，水解作用会逐步减少酶对底物的酶解。此外，由于特异性脂肪酶的来源途径比较单一、制备成本较高，因此脂肪酶的作用效率与产物的生产成本密切相关，这两者均决定了结构脂在合成过程中对脂肪酶的需求量水平。

尽管底物浓度对酶的活性不产生影响，但底物浓度和底物分子构型能通过增加底物和酶接触面积影响脂肪酶催化酯交换的速率。当底物浓度不断增加，酶促反应速率也会逐渐加快，达到某一值后酶促反应不再随着底物浓度的增加而增加。研究证实，低底物物质的量比高底物物质的量需要更长的催化反应时间，后者的反应平衡会更容易向产物生成的方向移动，此时酰基与甘油碳链的结合比例也会有所提高。此外，反应过程中间产物（如水）也会影响脂肪酶对结构脂的催化效果。在脂肪酶催化酯化反应中，反应的本质是酯化和水解反应的结合。随着酯化过程的深入，反应中的水会逐步增加，当水含量过高时，则会诱导脂肪酶对 TAG 的水解反应，为了增加酯化反应、减少水解，获得高产率的产物，在反应过程中不断地去除水分是很重要的。然而，在系统中保持一定的水分很重要，因为脂肪酶在非共价反应中的动力学行为需要水来维持。另外，有水存在的环境会阻碍脂肪酶的整体构象移动从而限制脂肪酶催化作用的发挥。因此，水解和酯化之间的平衡关系对脂肪酶发挥催化作用十分重要。

3.1.4　超声强度与频率

超声处理是一种新型的无损辅助处理手段，其主要是利用超声波功率特性和空化作用改变或加速改变物质的某些物理、化学、生物特性或状态。由于超声波在作用反应物过程中会产生大量泡沫，泡沫在剧烈坍塌的过程中会产生巨大的热量和压力，伴随形成的微射流会进一步有助于反应系统产生湍流从而加速反应频率。作为具有物理和机械双重属性特点的处理方式，超声处理的酶促反应可有效实现对反应速率的改变、产率的提高和反应时间的控制。不仅如此，超声波作为辅助处理手段，还可有效减少催化剂（如酶）颗粒大小、增加底物比表面积、提高底物与酶的作用频率等，在一定程度上减少了底物传质限制。因此，超声处理的优势满足 MLM 结构脂酶法合成反应优化的需要。

3.2　超声对 *sn*-2 长链脂肪酸结构脂酶法制备工艺的影响研究

3.2.1　研究背景

与化学方法相比，酶法合成结构脂具有底物专一性强、操作条件温和、易于控制、副产物少、环保高效等优势，被越来越多地运用在结构脂的合成研究中。酶催化醇解合成 *sn*-2 位多不饱和脂肪酸 TAG 主要是通过特异性水解酶将中链脂肪酸"嫁接"在 *sn*-1,3 位酰基从而获得 MLM 型目标结构脂。这种方法相比一步酶法而言，目标脂肪酸插入率高，反应产物纯度好，但其缺点是整个酶反应速率较慢，周期较长。因此，如何在 MLM 型结构脂合成中加速 *sn*-1,3 位酰基的酶解速度、克服于酰基长时间反应导致的转移的弊端是解决两步酶法广泛用于合成 MLM 型 *sn*-2 多不饱和脂肪酸结构脂的关键。尽管 Zheng 等已成功利用超声微探针预处理有效加速了植物甾醇和类黄酮与脂肪酸在有机溶剂中的酶酯化反应。但是，这种新型超声辅助处理在酶促酯交换反应中的应用研究较少，且目前尚未发现不同超声预处理对 MLM 型结构脂酶法合成反应条件（温度、超声频率、超声强度、反应时间等）、结构鉴定等内容的系统研究。

3.2.2　研究内容

研究超声条件下 *sn*-2 位含有 4 种不同脂肪酸（棕榈酸、十八烷酸、油酸和二十二碳六烯酸）酶解合成甘油三酯的反应条件，评估反应过程中超声条件（强度及频率）、反应温度、反应时间和底物物质的量比对 MLM 型结构脂合成率的影响。

3.2.3　研究方法

1. *sn*-2 长链脂肪酸单甘酯的酶法制备

分别称取适量藻油、棕榈酸甘油酯、硬脂酸甘油酯、油酸甘油酯和适量无水乙醇加入至 50 mL 具塞锥形瓶中，加入 0.4 g 固定化脂肪酶，在转速为 200 r/min、

30～55℃反应条件下磁力搅拌 4～16h。按照前述单甘酯的酶法制备和纯化方法对各类单甘酯进行制备和纯化。

2. 不同超声条件、温度及时间制备 MLM 型 *sn*-2 长链脂肪酸结构脂

称取 100 mg 纯化后的单甘酯，分别加入 150 mg 辛酸、25 g 脂肪酶、3 mL 正己烷和 2 mg 4A 分子筛。在转速为 200 r/min、40℃反应条件下磁力搅拌 5h，待反应结束后，将脂肪酶以 5000 r/min 离心 10 min，得到最终的 MLM 型结构脂样品，并将其保存在-20℃以备纯化、分析和表征。在反应过程中，分别考察超声条件（功率：50W、100W、150W、200W 和 250 W；频率：20 Hz、25 Hz、30 Hz、35 Hz、40 Hz）下不同反应温度（30℃、35℃、40℃、45℃、50℃、55℃）、单甘酯与辛酸的物质的量比、反应时间（1 h、2 h、3 h、4 h）等不同反应参数对 MLM 型结构脂合成率的影响。超声模式采用 3s/9s（作用时间/间歇时间）模式进行。

3. MLM 结构脂纯化方法

采用 Jiménez 等的方法对 MLM 结构脂进行纯化：对 TAGs 进行提纯。离心去除脂肪酶后，用无水硫酸钠干燥有机相，并通过真空蒸发除去过量的溶剂。使用柱色谱法纯化反应混合物，将 10 g 硅胶和 10 g 氧化铝加入到 50 mL 正己烷中制成浆料，然后倒入 300 mm×30 mm 色谱柱中。将含有 MAG、DAGs、TAGs 的反应混合物装载到层析柱上，然后用正己烷：乙醚（95：5，体积比）溶液进行洗脱。回收洗脱后的分级组分，用 TLC 和 HPLC 对洗脱后的组分进行分析，根据分析结果收集纯化后的 MLM 结构脂，将其保存在-20℃以备后续分析和表征。

3.2.4　研究结果

1. 超声/非超声对 MLM 型结构脂合成率影响

利用 Lipozyme RM IM 酶催化合成 MLM 型结构脂是一种有效的绿色合成方法。采用 4 种不同脂肪酸单甘酯及辛酸作为反应底物，分别研究对比了酶解超声和非超声条件对不同 MLM 结构脂合成率的影响。由 4 种不同 2D-MAG 合成的 MLM 结构脂中，结构脂 *sn*-2 位结合 C16:0 与 C18:0 的 MLM 结构脂合成率较高，分别达到 78.4%和 76.7%，显著高于其他结构脂组（$P<0.05$），其中结构脂 *sn*-2 位结合 C22:6 的 MLM 结构脂合成率含量最低，仅为 36.3%。由图 3-1 不难发现，*sn*-2 位结合饱和脂肪酸单甘酯合成的 MLM 结构脂比例均高于不饱和脂肪酸（如 C18:1），且随着不饱和程度的增加，MLM 合成率从 78.4%下降至 36.3%（$P<0.05$）。有学者也报道了沙丁鱼油制备 MLM 型结构脂中 *sn*-2 位脂肪酸的不饱和脂肪酸含量相对较低。本研究认为造成这种结果的原因在于不饱和脂肪酸双键的空间位阻，降低了与催化酶接触作用的概率，使得辛酸接入 *sn*-1,3 位的困难较大，MLM 结

构脂合成率降低。与常规酶解方式相比，超声作用下的 MLM 结构脂合成率均不同程度高于非超声条件处理组，其中结构脂 sn-2 位结合 C18:1 组和 C22:6 组分别比非超声条件下合成率提高 33.2%和 42.4%，这表明超声波辅助处理不仅对提高 MLM 结构脂酶催化合成率有效，而且会显著提高 sn-2 位不饱和脂肪酸单甘酯形成 MLM 型结构脂的合成率（$P < 0.05$）。

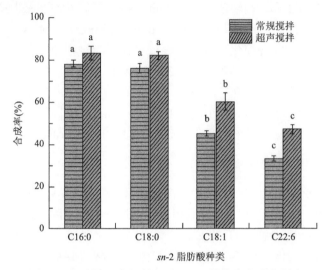

图 3-1　超声波及常规制备对 MLM 结构脂合成率影响

　　为研究超声波对不同 sn-2 位脂肪酸单甘酯合成 MLM 结构脂作用机制，进一步研究超声强度、超声频率、底物物质的量比、反应时间和反应温度对 MLM 结构脂合成率的影响。由于超声波的脉冲也会对超声的效果产生影响，因此在预实验中在 3s/3s、3s/9s、6s/6s、6s/9s（超声时间/间歇时间）不同模式下进行了多次超声脉冲实验。结果表明，工作时间在 3～6s 范围内合成率基本无变化，但在 6～9s 范围内反应效果会随着超声时间的增加而下降。考虑到较长或较短的间歇时间均不利于超声能量转移，因此选择 3s/6s（超声时间/间歇时间）作为后续实验的脉冲模式。

　　2. 超声强度对 MLM 型结构脂产物合成率的影响

　　为了对比不同超声强度对结构脂合成率的影响，将超声强度设置为 0W、50W、100W、150W、200W、250W，对比研究了 4 种不同 sn-2 脂肪酸酰基 MLM 结构脂的合成率差异。如图 3-2 所示，非超声条件下（0 W）单甘酯 sn-2 位 C16:0 和 C18:0 MLM 合成率分别为 78.3%和 76.4%，显著高于不饱和脂肪酸 C18:1（46.2%）和 C22:6（33.7%）。随着超声强度由 50W 增加至 150W，各脂肪酸组合成率表现出不同程度的提高趋势，表明超声强度的增加总体有利于各种 MLM 结构脂的合成率。其中，C16:0 在超声强度为 100W 时 MLM 合成率达到最高（86.3%），比非超声条件（0 W）增加 10.2%（$P<0.05$）。在超声强度为 200W 时，C18:0 组 MLM 合成率为 85.1%，较非超声处理提高约 11.4%（$P<0.05$）。与 C18:0 组一样，C22:6 组在 0～100W 范围内 MLM 合成率也随超声强度增加而提高，但是随着超声强度进一步提高，C22:6 组 MLM 合成率则显著降低（$P<0.05$），在 250W 超声条件下 C22:6 组 MLM 合成率为 36.4%，显著低于 100W 时的 45.2%，与非超声条件相比其 MLM 合成率略有升高。

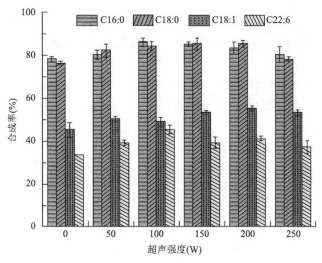

图 3-2　超声强度对不同 *sn*-2 位脂肪酸 MLM 结构脂合成率影响

由图 3-2 不难发现，超声与非超声条件下不饱和脂肪酸 MLM 结构脂合成率均低于饱和脂肪酸结构脂，但随着超声强度增加，不饱和脂肪酸 MLM 结构脂合成率增加较为明显（$P<0.05$），这表明在适当超声条件下增加超声强度可提高酶底物活性从而提高反应速率。Zhang 等也观察到，在 50～200W 范围内酶促酯化反应随着超声强度的增加而迅速增加。随着强度的增加酶活性同样受到了一定的抑制，但这种抑制仅限于影响最大酶催化速率。然而，当功率强度为 150W 时，不饱和脂肪酸 MLM 结构脂合成率均有所下降。研究推测这一结果归因于高强度超声条件会加速脂肪酶从其支持物中分解或浸出，降低酶活性从而导致了 MLM 的合成率下降。尽管过高的超声强度会限制最大酶反应速率，但适宜强度的超声作用仍然对长链脂肪酸单甘酯合成 MLM 结构脂是有益的。在大多数超声辅助反应中，如果整个反应过程都加以超声作用，那么这种方式既耗费能量又难以实现放大反应。因此，实验中确定 150W 是脂肪酶催化合成 MLM 结构脂的理想超声强度。

3. 超声频率对 MLM 型结构脂产物合成率的影响

超声频率和超声强度都是超声处理影响合成反应的重要因素。随着超声频率增加，MLM 结构脂合成率也增加（图 3-3）。C16:0 组在超声频率为 30 kHz 时的 MLM 合成率为 84.1%，显著高于非超声条件下的 75.4%（$P<0.05$）。当超声频率达到 25 kHz 时，C18:0 和 C18:1 组 MLM 结构脂合成率也分别达到各组最大值，超声频率进一步提高并不能持续提高 MLM 结构脂的合成率。随着超声频率的进一步提高，MLM 合成率逐渐降低，但 C18:1 和 C22:6 超声组仍然显著高于非超声组（$P<0.05$）。有研究发现，反应速率随超声频率的增加而增加，但增加的程度只能在一定的时间段内发生变化，该研究证实了在超声处理 20 kHz 以下，酶活性得到提高，随着频率提高，剪切力、空化等其他物理效应对酶活性有部分抑制作用。与其他脂肪酸组相比 C22:6 超声组在 35 kHz 条件下达到最大合成率 49.8%，随后显著下降至 42.4%，这表明超声频率增加对 C22:6 单甘酯合成 MLM 结构脂合成率有显著的促进效果，反应速率会随着输入频率的增加而增加，但这种正比变化仅在一定时间段内有效。这也间接表明超声频率对合成反应的促进是有限的。超声对合成反应的诱导作用一般分为热机制和非热机制，当超声波能量传播到衰减介质时，一部分超声波会被转换成热量形成热源。目前，尚不明晰超声热诱导是否是导致超声条件下 MLM 结构脂合成率提高的主要原因。鉴于 25～30kHz 的频率对所有脂肪酸单甘酯合成 MLM 结构脂提高合成率有效，后续实验研究脂肪酶催化反应的特性时选择 25kHz 的频率作为理想的超声频率。

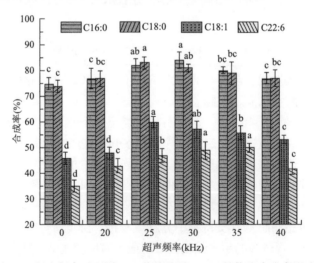

图 3-3　超声频率对不同 *sn*-2 位脂肪酸 MLM 结构脂合成率影响

4. 超声时间对 MLM 型结构脂产物合成率的影响

超声能够提高不同 2D-MAG 合成 MLM 结构脂的合成率，尤其显著影响 *sn*-2 位不饱和脂肪酸 MLM 结构脂的合成率。由图 3-4 可得，在酶反应最初的 1h 内，超声处理提高了 MLM 结构脂的合成率（$P<0.05$），尽管非超声条件下酶催化的合成率也有所提高，但相比之下超声处理组（U）的合成速率显著快于非超声组。反应 2h 后，MLM 合成反应基本达到平衡水平，此时的 MLM 结构脂合成率处于较高水平。综合来看酶解反应在 0～1h 内各组 MLM 结构脂酶解反应速率较快。其中，超声处理下 C16:0 和 C18:0 组合成率分别达到 74.3%和 71.7%，显著高于 C18:1 和 C22:6 组（$P<0.05$）。随着反应的进行，各组合成率提高变化率趋于缓慢，到反应 2h 时，MLM 结构脂的合成率提高趋缓（$P>0.05$）。

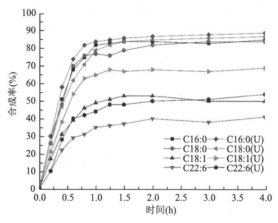

图 3-4　超声时间对 MLM 结构脂不同时间段合成率影响

对比超声与非超声条件下的各组不难发现，超声作用对 C16:0 和 C18:0 组合成 MLM 结构脂具有一定促进作用（$P>0.05$），但 C18:1 和 C22:6 组在反应 1h 后分别达到 65.1%和 44.6%，显著高于非超声条件下的 49.3%和 35.2%（$P<0.05$），这表明超声对长链不饱和脂肪酸的 MLM 结构脂合成具有积极的促进作用。研究推测超声对结构脂合成过程中酰基脂肪酸的影响顺序为：高不饱和脂肪酸＞低不饱和脂肪酸＞饱和脂肪酸。值得注意的是，当超声作用 2h 后，C18:1 和 C22:6 组结构脂的合成率较常规酶法有所降低，这表明超声处理在结构脂合成初期对结构脂的合成有益，但长时间作用反而不利于 MLM 结构脂合成。研究表明超声波可以帮助减少基质和酶的颗粒大小，从而增加反应物比表面积，减少传质限制，特别是在使用粉质酶制剂在有机溶剂中进行催化反应时这种现象尤其明显。尽管如此，超声作用时间过长时产生的部分热量在一定程度上会降低酶的活性。考虑到工艺的转换、能耗等因素，在后续实验中选择超声辅助反应的超声时间为 1h。

5. 酶底物物质的量比对 MLM 型结构脂产物合成率的影响

在酶促反应中酶与底物物质的量比例对反应具有积极作用，适宜比例的脂肪酶含量可提高反应速率、缩短反应时间。但是脂肪酶的价格相对较高，提高脂肪酶比例则会增加成本负担。本研究对比了酶/2D-MAG 在不同物质的量比条件下 MLM 结构脂合成率（图 3-5），随着脂肪酶负载从 1∶1 增加到 1∶3，四种 MLM 结构脂的合成率均有增加，其中，C16:0 组和 C18:0 组分别从 66.4%和 68.2%上升 至 76.1%和 73.6%（$P<0.05$），C22:6 组没有显著增加，这表明高比例的脂肪酶并 不能有效提高 sn-2 多不饱和脂肪酸 MLM 合成率。这种现象可能是由于脂肪酶在 反应表面的聚集导致了脂肪酶的有效浓度降低，导致脂肪酶与底物的接触面积减 少。当物质的量比超过 1∶4 达到 1∶10 或 1∶20 时，结构脂合成率有明显下降趋 势（$P<0.05$），这表明较高比例的脂肪酶不会显著提高 MLM 结构脂的合成率， 较低比例的酶却会降低 MLM 合成率。

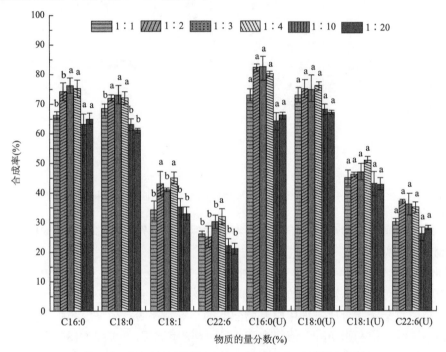

图 3-5　不同底物物质的量比对 MLM 结构脂合成率影响

对比超声与非超声催化结果后发现，C16:0 与 C18:0 组结构脂合成率在两种 方式作用下变化不显著（$P>0.05$），但超声辅助催化下 C22:6 组合成率分别从 30.7%提高至 36.1%（$P<0.05$）。这表明超声波对不饱和脂肪酸底物物质的量比具 有协同促进作用，研究认为这种结果是由于超声波具有的弥散效应加速了脂肪酶 在不饱和脂肪酸反应表面的接触频率，降低了脂肪酶的负载过荷，加速传质从而 提高了不饱和脂肪酸与甘油骨架接触频率，导致合成率增加。此外，酶的相对活 性可能取决于底物与天然酶活性位点的相互作用，因此脂肪酸浓度增加可能会在 一定程度上改变脂肪酶的催化环境。

6. 温度对 MLM 型结构脂产物合成率的影响

在两步法合成 MLM 反应中，脂肪酶发挥着重要作用。如图 3-6（a）所示，在非超声作用下，四种脂肪酸结构脂的最适合成温度为 40℃，但各种 MLM 结构脂随反应温度的升高变化趋势有明显差异。在 30℃至 40℃范围内各组均呈现升高的趋势，当温度超过 40℃后，MLM 结构脂合成率则发生了明显下降（$P < 0.05$）。其中，C22:6 仅在 40～45℃范围内升高至 32.2%～33.4%，当温度进一步升高至 55℃时，C22:6 合成率与 30℃时无明显差别。相比较而言，在 55℃时 C16:0、C18:0、C18:1 组 MLM 结构脂合成率均较 30℃时显著降低（$P < 0.05$）。不饱和脂肪酸组结构脂合成率显著低于饱和脂肪酸组（$P < 0.05$）。

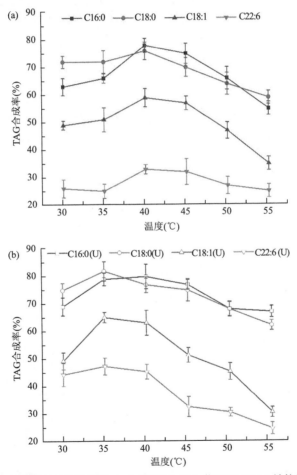

图 3-6　不同反应温度对常规搅拌（a）和超声（b）作用下 MLM 结构脂合成率影响

在超声作用下，各脂肪酸结构脂的最大合成温度为 35～40℃，其中，C18:0、

C18:1、C22:6 在 35 ℃时 MLM 合成率分别为 82.5%、65.1%和 47.3%，这表明超声波辅助可降低结构脂最大合成率的温度[图 3-6（b）]。与非超声条件一致，非饱和脂肪酸 MLM 结构脂合成率也低于饱和脂肪酸 MLM 结构脂（$P<0.05$）。Zhang 等的研究表明，温度从 25 ℃升高到 40 ℃可以使 MAG 的含量从 27.19%增加到 28.39%（$P>0.05$），但本研究显示超声处理下的酶催化反应时间较短。推测这可能是由于超声波空化效应可以增加酶的溶解性或部分提高反应温度从而缩短最大反应时间。随着温度的进一步提高，超声作用下的升温会进一步降低不饱和脂肪酸结构脂的合成率。由于超声作用下脂肪酶的最佳温度和失活温度均比机械搅拌时低 5 ℃，因此研究认为这种结果的产生是由于超声波能量传播到衰减介质时，一部分超声波会被转换成热量形成热源，这种热量的补充一方面提高了反应过程温度，另一方面也在一定程度上抑制了脂肪酶在原有温度的酶活力。较低的温度会降低无溶剂体系中的酶活性和底物传质，但会通过使释放的脂肪酸“失活”而打破反应平衡，从而推动更高的反应收率。

7. 脂肪酶重复利用率评价

脂肪酶的重复利用和回收是决定反应过程中工艺可行性和脂肪酶适用性的关键指标之一。为了评价超声作用下脂肪酶催化能力的变化差异，通过测定最佳条件下连续酶解反应得到的 MLM 结构脂含量对超声手段对脂酶催化能力的影响进行研究。由图 3-7 可知，非超声作用下 Lipozyme RM IM 重复使用 6 次后，结构脂合成率仍保持在 75.3%。随着酶促反应次数的进一步增加，Lipozyme RM IM 催

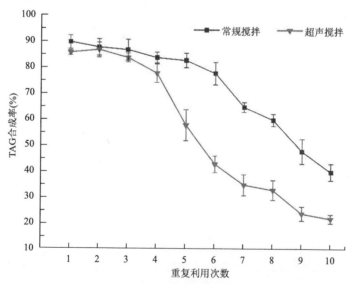

图 3-7　超声波及常规制备下结构脂酶重复利用率差异

化合成率显著降低，直至第 10 次利用后，MLM 结构脂合成率仅有 40.8%（$P<0.05$）。对比超声作用可知，超声作用下酶重复催化结构脂合成率总体低于非超声条件。其中，Lipozyme RM IM 重复使用 4 次前，超声作用对酶催化能力影响较小（$P>0.05$），当酶重复使用第 5 次以后，Lipozyme RM IM 催化能力呈现明显下降状态，这表明超声对酶的破坏具有数量累积效应。有研究也证实，无论何种超声强度下催化反应的速率均会在一定时间内呈现下降趋势，这表明随着超声时间的延长，酶失活仍然是不可避免的。研究表明超声波会损害脂肪酶活性稳定性，缩短脂肪酶在实际反应中的使用寿命。

8. 混合油脂体系下 MLM 结构脂 *sn-2* 位脂肪酸含量差异

为了探究超声在油脂中对 MLM 结构脂合成率的影响，本研究将藻油：葡萄籽油：椰子油：棕榈油（0.39：0.35：0.22：0.03，质量分数）按照一定混合比例得到了 SFA、MUFA 和 PUFA 脂肪酸比例大致接近的混合油脂，通过比较超声和非超声作用下 MLM 型结构脂的差异，尝试探讨超声作用对 *sn-2* 位脂肪酸结构脂的合成影响机制。表 3-2 反映了混合油脂体系中结构脂 *sn-2* 位脂肪酸的变化。与非超声作用相比，低频超声波能够显著提高 PUFA 脂肪酸（4.5%）在 *sn-2* 位的比例。随着超声频率的提高，MUFA 和 PUFA 脂肪酸在 *sn-2* 位的比例分别从 23.7% 和 26.8% 提高至 26.6% 和 32.4%（$P<0.05$）。其中，C22:6 在 *sn-2* 位的比例从 12.3% 提高至 16.8%（$P<0.05$），C16:1 的比例从 11.4% 提高至 14.7%。有研究使用 RSM 酶促改性将 EPA、DPA 和 DHA 加入高月桂酸菜籽油，*n-3* 脂肪酸接入高月桂酸菜籽油的顺序依次为 EPA、DPA、DHA，这表明接入的顺序与碳链长度和双键数量有关。本研究认为超声波预处理可以加快植物油酰基供体酯化，并得到相对较高的结构脂合成率，特别是超声波可有效提高单不饱和脂肪酸和多不饱和脂肪酸在结构脂 *sn-2* 位的插入率。Zhang 等也观察到超声预处理可以提高反应速率，同时大大增强基质和脂肪酶之间的亲和力。由表 3-2 可知，低频超声处理能够提高 *sn-2* 位 SFA 的比例（43.3%），随着超声频率的增加，SFA 含量逐渐从 43.3% 下降至 35.1%（$P<0.05$）。不仅如此，MUFA 和 PUFA 脂肪酸插入率在超声作用下均低于 SFA，本研究认为可能是由于不饱和脂肪酸的双键易产生位阻，*sn-2* 位的接入需要更多的能量或动力，超声波的特性及可控性能够降低不饱和脂肪酸由于位阻原因带来的负面效应，提高不饱和脂肪酸结构脂的合成率。

表 3-2　混合油脂体系下结构脂 *sn-2* 位脂肪酸含量差异

脂肪酸	混合油 A	常规处理	超声处理（频率）		
			I B	II C	III D
C14:0	6.2±0.31[a]	5.2±0.48[b]	5.8±0.26[ab]	3.2±0.28[d]	4.4±0.42[c]

续表

脂肪酸	混合油 A	常规处理	超声处理（频率）		
			I B	II C	III D
C16:0	20.6±1.35[bc]	21.1±1.75[bc]	28.9±2.58[a]	29.4±1.44[a]	23.2±2.03[b]
C16:1	14.6±0.87[ab]	13.2±0.99[bc]	11.4±1.24[c]	15.4±1.13[a]	14.7±1.34[ab]
C18:0	4.2±0.34[d]	3.9±0.36[d]	8.6±0.18[a]	6.3±0.26[c]	7.5±0.16[b]
C18:1	14.1±0.78[a]	13.3±0.49[a]	12.3±0.22[b]	10.4±0.53[c]	11.9±0.74[b]
C18:2	9.3±0.30[a]	8.9±0.35[a]	5.6±0.32[b]	3.3±0.19[d]	4.5±0.33[c]
C18:3	1.0±0.14[a]	0.6±0.52[ab]	—	0.7±0.16[ab]	0.5±0.14[c]
C20:4	3.9±0.12[ab]	3.5±0.36[bc]	2.4±0.14[d]	4.2±0.26[a]	3.2±0.24[c]
C20:5	8.2±0.97[a]	7.7±0.28[a]	6.1±0.57[c]	6.4±0.44[bc]	7.4±0.22[ab]
C22:5	1.3±0.23[a]	1.0±0.16[ab]	0.4±0.13[c]	0.8±0.12[b]	—
C22:6	18.5±0.55[a]	16.9±0.93[ab]	12.3±1.15[c]	15.6±1.13[b]	16.8±0.86[ab]
其他	4.8±0.44[b]	2.9±0.54[c]	6.2±0.25[a]	4.3±0.25[b]	5.9±0.34[a]
∑SFA	31.9±2.53[c]	30.0±3.10[c]	43.3±3.34[a]	38.9±2.66[ab]	35.1±2.53[bc]
∑MUFA	28.7±2.95[a]	26.9±1.85[ab]	23.7±1.79[b]	25.8±2.37[ab]	26.6±2.65[ab]
∑PUFA	40.3±2.75[a]	40.3±4.26[a]	26.8±2.53[b]	31.0±3.42[b]	32.4±3.04[b]

注：同一行中不同上标小写字母表示显著差异（$P<0.05$）。

A 混合油由藻油、菜籽油、椰子油和棕榈油（0.39∶0.35∶0.22∶0.03，质量分数）组成。混合油优化反应条件为：酶量（10%）；温度（60℃）；反应时间（4h）。

B 功率 150 W，超声频率 20 kHz。

C 功率 150 W，超声频率 25 kHz。

D 功率 150W，超声频率 30 kHz

3.3　超声条件对 MLM 型结构脂合成影响的潜在机制

超声技术是一项新的可持续提取技术，它减少了提取过程中反应的时间和反应溶剂的添加量。研究认为超声预处理对结构脂质不同脂肪酸 sn-2 插入率的影响机制可能是：超声波辅助作用于酯交换反应时，随着超声强度的增加，超声波空化效应增强脂肪酶底物活性，增加了酶的溶解性，部分提高反应温度从而缩短反应时间，提高了脂肪酸插入 sn-2 位酰基的合成率。当超声强度进一步增加后，额外的升温及产生的大量热量超过了酶的最适温度，并且抑制了脂肪酶的活性，从而降低了结构脂 sn-2 位接受脂肪酸酰基的数量，造成结构脂合成率下降。在常规酶反应过程中，相比饱和脂肪酸，不饱和脂肪酸由于其双键的空间位阻，降低了与催化酶接触的概率，使得不饱和脂肪酸难以接在 MLM 结构脂 sn-2 酰基位上。超声波预处理不仅加速了脂肪酶在不饱和脂肪酸反应表面的接触频率，降低了脂肪酶的负载过荷，而且超声波引入的反应动能可以克服不饱和脂肪酸由于位阻原因带来的负面效应，造成不同酰基供体（饱和脂肪酸和非饱和脂肪酸）与碳链骨架的接触频率基本一致，从而增加了不饱和脂肪酸在结构脂 *sn*-2 位的插入率。

本研究考察了超声条件下 *sn*-2 位含有四种不同脂肪酸（棕榈酸、十八烷酸、油酸和二十二碳六烯酸）单甘酯酶解合成 MLM 型结构脂的差异，并在反应过程中评估了超声处理条件（强度及频率）、反应温度、反应时间和底物物质的量比对 MLM 型结构脂的影响。

（1）饱和脂肪酸 2D-MAG 合成的 MLM 比例均高于不饱和脂肪酸，且随着不饱和程度的增加 MLM 合成率从 78.4% 下降至 36.3%（$P < 0.05$）。与常规酶解方式相比，超声作用下的 MLM 结构脂合成率均不同程度高于非超声条件处理组，结构脂 *sn*-2 位结合 C18:1 组和 C22:6 组分别比非超声条件下合成率提高 33.2% 和 42.4%，超声波辅助处理不仅对提高 MLM 结构脂酶催化合成率有效，而且会显著提高 *sn*-2 位饱和脂肪酸单甘酯形成 MLM 型结构脂的合成率（$P < 0.05$）。

（2）非超声条件下（0 W）单甘酯 *sn*-2 位 C16:0 和 C18:0 MLM 合成率分别为 78.3% 和 76.4%，显著高于不饱和脂肪酸 C18:1（46.2%）和 C22:6（33.7%）。随着超声强度增加，各脂肪酸组合成率表现出不同程度的提高趋势。超声与非超声条件下不饱和脂肪酸 MLM 结构脂合成率均低于饱和脂肪酸结构脂，但随着超声强度增加，不饱和脂肪酸 MLM 结构脂合成率增加较为明显（$P < 0.05$），这表明在适当超声条件下增加超声强度可提高酶底物活性从而提高反应速率。

（3）随着脂肪酶负载从 1:1 增加到 1:3，四种结构脂的合成率均有增加，其中，C16:0 和 C18:0 分别从 66.4% 和 68.2% 上升至 76.1% 和 73.6%（$P < 0.05$），C22:6 组没有显著增加，高比例的脂肪酶并不能有效提高多不饱和脂肪酸 MLM 合成率。当物质的量比超过 1:4 达到 1:10 或 1:20 时，结构脂合成率有明显下降趋势（$P < 0.05$），表明较高比例的脂肪酶不会显著提高 MLM 结构脂的合成率，较低比例的酶却会降低 MLM 合成率。

（4）超声作用下酶重复催化结构脂合成率总体低于非超声条件。其中，Lipozyme RM IM 重复使用 4 次前，超声作用对酶催化能力影响较小（$P > 0.05$），当酶重复使用第 5 次以后，Lipozyme RM IM 催化能力呈现明显下降状态，这表明超声对酶的破坏具有数量累积效应。

（5）与非超声作用相比，低频超声波能够显著提高 PUFA 脂肪酸（4.5%）在 *sn*-2 位的比例。随着超声频率的提高，MUFA 和 PUFA 脂肪酸在 *sn*-2 位的比例分别从 23.7% 和 26.8% 提高至 26.6% 和 32.4%（$P < 0.05$）。本研究认为超声波预处理可以加快植物油酰基供体酯化，并得到相对较高的结构脂合成率，特别是超声波可有效提高单不饱和脂肪酸和多不饱和脂肪酸在结构脂 *sn*-2 位的插入率。

第 4 章 *sn-2* 位长链结构脂的物理化学特性

4.1 *sn-2* 位长链结构脂修饰前后理化性质表征指标

4.1.1 脂肪酸组成及含量

脂肪酸的种类和数量（包括饱和脂肪酸、单不饱和脂肪酸、多不饱和脂肪酸）及这些脂肪酸在甘油基上的位置分布，即甘油三酯的结构对脂质的营养及功能特性有很大影响。*sn-2* 位长链结构脂的脂肪酸组成的最大特点是甘油三酯在 *sn-2* 位上连接的脂肪酸为长碳链脂肪酸。*sn-2* 位为棕榈酸的母乳化结构脂是 *sn-2* 位长链结构脂中非常重要的一类，研究较多的包括 1,3-二油酸-2-棕榈酸甘油三酯（1,3-dioleoyl-2-palmitoylglycerol，OPO）、1-油酸-2-棕榈酸-3-亚油酸甘油三酯（1-oleoyl-2-palmitoyl-3-linoleoylglycerol，OPL）、1,3-二不饱和脂肪酸-2-棕榈酸甘油三酯（1,3-diunsaturated fatty acid-2-palmitin triacylglycerols，UPU）。Lee 等采用一步法制备 OPO，在最优条件下，OPO 含量为 31.34%。Esteban 等采用两步法制备 OPO，最终获得 *sn-1,3* 位油酸含量为 67.5%，*sn-2* 位棕榈酸含量为 66.0%的 OPO。Gao 等通过两步酸解法制备 OPL，优化条件后，OPL 含量为 57.7%，但是并没有考虑 OPL 的同分异构体组成。Faustino 等将三棕榈酸甘油酯与茶油混合，制备出 *sn-1,3* 位富含 α-亚麻酸，*sn-2* 位富含棕榈酸的甘油三酯。Fomuso 等利用 Lipozyme RM IM 脂肪酶催化橄榄油和辛酸的酸解反应制备结构脂质（SL），制得的结构脂中 *sn-2* 位脂肪酸分布：油酸为 74.8%，亚油酸为 25.2%。在最佳条件下生产的结构脂在 *sn-2* 位分别含有 7.2% 辛酸、69.6%油酸、21.7%亚油酸和 1.5%棕榈酸。

sn-2 位长链结构脂在 *sn-2* 位上也常连接 LC-PUFA，包括如二十二碳六烯酸（DHA）、二十碳四烯酸（AA）等。Wang 等制备出 *sn-2* 位含有 AA 的结构脂，其中 AA 含量为 9.8%。Álvarez 等采用富含 DHA 和 AA 的单细胞油通过酶促酯交换反应成功合成 *sn-2* 位同时含有 DHA 和 AA 的结构脂。姜萱等以酶催化醇解 DHA 藻油获得的 *sn-2* 位富含 DHA 的 MAG 为反应原料，以癸酸为酰基供体，通过脂肪酶催化酯化反应制备 *sn-2* 位富含 DHA 的结构脂质。在最优条件下，酯化产物中 TAG 含量为 96.55%，TAG 的脂肪酸组成中 DHA 占总脂肪酸的 40.04%，占 *sn-2* 位脂肪酸的 72.15%；纯化的产品中中长链结构脂含量为 99.14%，含 DHA 的中长

链结构脂含量为 67.69%。

高效液相色谱法是 TAG 组分分析的常用方法，可以分离不同极性油脂组分，如甘油三酯、甘油二酯和甘油一酯。正相色谱分析 TAG 时色谱峰的分离度差、重叠峰较多，对各构型 TAG 的分离效果不佳，因此不适合广泛分析不同结构的 TAG。反相高效液相色谱（RP-HPLC）是利用非极性的反相介质为固定相，极性有机溶剂的水溶液为流动相，根据溶质极性的差别进行溶质分离与纯化的洗脱色谱法。由于结构脂的疏水性较强，因此在反相介质上的分配系数越大分离效果越理想，该方法对结构近似的甘油三酯分离检测较为有效，出峰顺序基本是根据碳原子数量及双键顺序。物质定性根据甘油三酯洗脱时间、种类按当量碳数（ECN）=TC−2×DB（TC 是酰基的总碳数，DB 是 TAG 中双键的总数）进行峰识别，进一步结合质谱图进行结构鉴定。

4.1.2　碘值

碘值是在一定条件下每 100 g 脂肪所吸收的碘的质量（g）。碘值越高，表明脂肪酸中的不饱和程度越高，它是鉴别油脂的一个重要参数。油脂工业中生产的油酸是橡胶合成工业的原料，亚油酸是医药上治疗高血压药物的重要原材料，它们都是不饱和脂肪酸；而另一类产品如硬脂酸是饱和脂肪酸。如果产品中掺有一些其他脂肪酸杂质，其碘值会发生改变，因此碘值可被用来表示产品的纯度，同时推算出油脂的定量组成。在生产中常需测定碘值，如判断产品分离去杂（指不饱和脂肪酸杂质）的程度等。*sn*-2 长链结构脂修饰前后的碘值与脂肪酸组成的变化有关。Lai 等采用脂肪酶催化酸解棕榈油和辛酸制备结构脂，辛酸连接到 *sn*-1，3 位置，油酸位于 *sn*-2 位置，碘值从 60.4 降低到 48.2。随着饱和脂肪酸比例增加，结构脂碘值有逐渐降低的趋势。

4.1.3　皂化值

皂化值是皂化 1 g 油脂中的可皂化物所需氢氧化钾的质量。可皂化物一般含游离脂肪酸及脂肪酸甘油酯等。皂化值的大小与油脂中所含甘油酯的化学成分有关，其大小主要取决于该油脂中所含脂肪酸的分子量。平均分子量越小，则皂化值越大。反之，平均分子量越大，则皂化值越小。油脂中甘油一酯、甘油二酯的含量越多，油脂的皂化值越小；而油脂中游离脂肪酸含量越多，则油脂的皂化值就越大。以硬脂酸及硬脂酸酯为例，硬脂酸、三硬脂酸甘油酯、二硬脂酸甘油酯及硬脂酸甘油一酯的皂化值分别为 197 mg/g、188 mg/g、179 mg/g、164 mg/g。由于皂化值与油脂的组成有关，因此皂化值是油脂的重要理化数据之一。各种不同的油脂皂化值一般都有一定的范围。例如，花生油为 187～196 mg/g，菜籽油为 167～180 mg/g，棉籽油为 191～199 mg/g 等。如果某油脂的皂化值超过其范围，可据此判断该油脂组成不纯，有其他油脂或特殊组分存在。因此，可应用皂化值判断和鉴别油脂的纯度。结构脂改变了甘油三酯组成，皂化值通常也会随之改变。Haman 等研究了酶法催化癸酸与微藻裂殖壶菌属衍生的商品 ω-3 油制备结构脂，发现得到的结构脂比未改性前具有更高的皂化值。

4.1.4　酸价

酸价是指中和 1 g 油脂中所含游离脂肪酸所需氢氧化钾的质量（mg）。酸价反映油脂中游离脂肪酸的含量，通常作为判断油脂质量水平的基本指标之一。游离脂肪酸混杂在油脂中，会增加油脂的酸度，降低油脂的品质，严重的还会造成油脂酸败。酸价能够反映出油脂的品质和精炼程度。油脂酸价的大小与油脂的原料、油脂加工工艺、油脂储运方法与储运条件等有关。例如，成熟油料种子较不成熟或正发芽生霉的种子制取油脂的酸价小。甘油三酯在制油过程受热或酶的作用而分解产生游离脂肪酸，从而使油脂酸价增加。油脂在储藏期间，由于水分、温度、光线、脂肪酶等因素的作用被分解为游离脂肪酸，油脂的酸价增大，储藏稳定性降低。研究报道，sn-2 结构脂质的酸价在储藏过程中变化不大，但显著高于制备用的天然原料油。这是由于制备结构脂时使用了过量的辛酸，后续的分离工艺中未能完全脱除。在结构脂的精炼过程中，采用分子蒸馏会去除一部分磷脂、维生素 E 和谷甾醇等天然抗氧化剂，导致结构脂在储藏期的脂肪氧化程度增加，酸价高于原料油脂。

4.1.5　过氧化值

过氧化值（POV）是指 1kg 油脂中所含过氧化物的毫摩尔数（mmol/kg）。过氧化物是油脂氧化的主要初级产物。在油脂氧化初期，过氧化值随氧化程度加深而增高。而当油脂深度氧化时，过氧化物的分解速度超过了过氧化物的生成速度，此时过氧化值会降低，所以过氧化值主要用于衡量油脂氧化初期的氧化程度。一般情况下，过氧化值越高说明油脂的酸败程度越大。研究表明，sn-2 结构脂的过氧化值在室温储藏过程中呈现上升的趋势，后期显著高于制备用的天然原料油。造成这一现象的原因可能是制备工艺和精炼工艺破坏了原料油中的天然抗氧化剂（如维生素 E），导致产物的抗氧化能力下降。另外，由于酶促酯交换需要在一定的温度下进行，并且反应过程中需要添加一定量的水来保证酶制剂的活性，因此长时间的受热和水分的加入都诱导了甘油酯加速水解和氧化，导致产品的过氧化值高于原料油脂。

4.1.6　总热值

总热值（TV）定义为 TV = 2PV+AV，具有将酸价（AV）和过氧化值（PV）

结合评价的优势。相比酶法催化，物理混合法制备的结构脂氧化稳定性更高，在相同时间内产生的过氧化值更低，易在同等条件下保存和储藏。研究表明，含棕榈酸的 MLM 结构脂在油炸过程中，其 TV 值上升速率显著低于棕榈油。棕榈基 MLM 结构脂的耐热性和氧化强度显著优于精制、漂白和除臭棕榈油。在连续的油炸实验中，MLM 结构脂的过氧化值显著低于棕榈油，MLM 结构脂的酸价和总热值的升高速率显著低于棕榈油。

4.1.7　共轭二烯值（CDH 值）

油脂在氧化初期生成氢过氧化物的同时，也在氧气的作用下发生双键重排，使得非共轭双键异构化生成共轭双键稳定结构（共轭二烯），该结构在紫外波长为 232 nm 下的吸光度即为共轭二烯值，可用来评价油脂初期的氧化程度。共轭二烯值与油脂中的多不饱和脂肪酸尤其是亚油酸和亚麻酸的降解有关，亚油酸在热氧化时产生的共轭双键可以与另一个亚油酸分子反应生成环状二聚物，导致共轭二烯值上升。结构脂通过酯交换反应，将甘油三酯分子上一部分不饱和脂肪酸替换成了饱和的辛酸，因此其共轭二烯值低于原料油，并且在整个储藏期内均保持较低的水平。随着储藏期延长，结构脂氧化形成醛类和酮类物质，氢过氧化物的生成速度小于分解速度，共轭二烯值则会出现一定程度的下降。

4.1.8　p-茴香胺值（p-AV）

油脂氧化后的二次生成物——醛类与 p-茴香胺试剂会发生缩合反应，在 350 nm 的波长下测定此缩合生成物的吸光度即为 p-茴香胺值。p-茴香胺值的大小可直接反映醛类化合物的生成量高低。在油品品质检测中，p-茴香胺值对应 2-直链醛的含量，是反映氧化过程中油脂生成二级氧化产物的重要指标。它的数值变化和油脂酸败具有密切关联性。新鲜油脂的 p-茴香胺值极低，基本上接近于零；p-茴香胺值超过 10，反映出油脂已开始酸败。研究表明，油脂中含有生育酚时能够显著降低其 p-茴香胺值。结构脂在纯化精炼过程中极易损失部分天然抗氧化剂，这可能是导致其 p-茴香胺值高于原料油脂的重要原因。

4.1.9　硫代巴比妥酸值（TBA 值）

硫代巴比妥酸值是用硫代巴比妥酸（TBA）与油脂酸败的最终产物——丙二醛反应生成红色化合物，从而定量丙二醛含量来反馈油脂氧化酸败的程度。对于已经氧化酸败的油脂而言，硫代巴比妥酸值比酸价和过氧化值有更敏感的特异性。油脂变质主要是由水解和氧化两大类反应导致的，日常食用油的精炼过程会破坏相关水解脂肪酶。氧化过程首先是脂类化合物和氧之间发生自由基连锁反应生成极不稳定的氢过氧化物，随后氢过氧化物达到一定浓度后迅速分解成短碳链有机化合物，最终生成小分子的醛、酮、酸、醇等物质。硫代巴比妥酸值则主要通过丙二醛（MDA）的生成量来反映油脂的二次氧化程度。有研究报道，结构脂在常温储藏期间，其硫代巴比妥酸值常常高于原料油脂，推测与其精炼过程中天然抗氧化剂的损失有关。

4.1.10　氧化稳定性指数

油脂在常温储藏中自动氧化过程非常缓慢，实际测定时常用加速氧化的方法来判断其氧化稳定性。氧化稳定性指数法是常用的加速氧化方法之一，通入高温与干燥空气，使得油样快速氧化生成易挥发的小分子有机酸，以电极感应测量有机酸溶液电导率的变化，计算得到油样的诱导时间，从而评价油脂的氧化稳定性及抗氧化性能，进而推测其在常温下的货架期和保存期。一般而言，油脂氧化稳定性越好，诱导时间越长；氧化稳定性越差，诱导时间越短。研究表明，改性后的结构脂的氧化稳定性指数普遍低于改性前的原料油脂。

4.1.11　折光系数

油脂的脂肪酸组成不同，其折光指数也会存在差异。折光指数会随着脂肪酸分子量的增大而增加，不饱和程度越高折光指数越大。含氧酸较多时也会增大折光指数。有研究对比了椰子油和鱼油通过物理混合法和酯交换法制备的结构脂折光系数差异，结果显示两种结构脂的折光系数均小于鱼油的折光系数。

4.1.12　流变学

油脂的流变学性质可以用来表征其外观、结构、硬度、黏度等特性，这些特性为了解油脂内部结构、产品配方设计、质量控制及工艺设计提供了重要依据。黏度（内摩擦系数）是用来衡量摩擦力大小的，是一层液体（单位面积）对另一层液体发生相对位移时所需的力。液体油脂具有一定黏度，油脂的黏度起因于酰基甘油分子长碳链之间的吸引力。油脂中所含脂肪酸的分子量越大，其黏度也越大；脂肪酸不饱和度越大，则其黏度也越小。当油脂的脂肪酸含有特殊基团时，将增加分子间的作用力，使油脂的黏性增加。例如，蓖麻油含羟基，容易形成氢键，因此黏度较大。油脂氧化或热聚合后其黏度增大，如棉籽油的黏度为 $0.06\,Pa\cdot s$，在 225℃加烘 7.2 h 和 194h 后，黏度增加至 $0.21\,Pa\cdot s$ 和 $1.80\,Pa\cdot s$。油脂的随机酯交换可用来改变油脂的结晶性和黏度，如天然猪油结晶颗粒大，口感粗糙，不利于产品的黏度。但经随机酯交换后，改性猪油可结晶形成细小颗粒，熔点和黏度降低，适于作为人造奶油和糖果用油。

4.1.13　晶体形态学

X 射线衍射测定表明：固体脂的微观结构是高度有序的晶体结构，其结构可用一个基本的结构单元（晶胞）在三维空间作周期性排列而得到。晶胞一般是由两个短间隔（*a*、*b*）和一个长间隔（*d*）组成的长方体或斜方体，在斜方体晶胞中，每一条棱上有一对脂肪酸分子，柱的中心也有一对脂肪酸分子。中心的一对脂肪酸与一条棱上的一对脂肪酸（共 4 个）分子组成一个晶胞单位。其他三条棱上的三对分子则与相邻中心的三对分子组成晶胞。

构成甘油三酯的脂肪酸及其在甘油上排列的多样性以及结晶条件的差异，使得固体脂的结晶方式有多种。这种化学组成相同的物质在不同的结晶条件下形成多种晶体形态的现象，称为同质多晶现象，具有同质多晶现象的物质称为同质多晶物。不同的晶型具有不同的稳定性，在多数情况下，多种晶型可以同时存在，而且各种晶型之间可以相互转化。一般是亚稳态的同质多晶体在未熔化时会自发地转变成稳定态，这种转变具有单向性。天然脂肪多为单向转变。长碳链化合物的同质多晶与烃链的不同堆积排列方式或不同的倾斜角有关，可以用晶胞内沿链轴方向重复的最小单元——亚晶胞来表示堆积方式。脂肪酸烃链中最小重复单元是亚乙基（—CH—CH—），甲基和羧基并不是亚晶胞的组成部分。

已发现烃类亚晶胞有 7 种堆积类型，其中，最常见的类型有三种。

（1）三斜堆积：也称 β 型，其中两个亚甲基单位连在一起组成乙烯的重复单位，每个亚晶胞中有一个乙烯，所有的曲折平面都是平行的。β 型最稳定，在正烷烃、脂肪酸及甘油三酯中均存在 β 型。

（2）正交堆积：也称 β' 型，每个亚晶胞中有两个乙烯单位，交替平面与它们相邻平面互相垂直。β' 型具有中等程度稳定性。石蜡、脂肪酸及脂肪酸酯都呈现正交堆积。

（3）六方形堆积：一般称为 α 型，烃类快速冷却到刚刚低于熔点以下时，往往会形成六方形堆积。分子链随机定向，并围绕着它们的长垂直轴而旋转，最不稳定。在烃类、醇类和乙酯类中观察到六方形堆积。

甘油三酯碳链较长，因此表现出烃类的许多特点。当油脂固化时，甘油三酯分子主要形成三斜、正交及六方形堆积三种同质多晶型，即 β、β'、α 晶型。其中，三斜晶型中烃链平面是互相平行的，取向完全一致，最稳定；正交晶型烃链平面是互相垂直的，取向部分一致；六方晶型烃链无序排列，游离能最高，最不稳定。因此，α、β'、β 三种晶型脂肪酸侧链的排列从无序到有序转变，三种晶型的熔点、密度、稳定性逐渐增大。

甘油三酯的同质多晶现象比较复杂，很大程度受到酰基甘油中脂肪酸组成及其位置分布的影响。根据 X 射线衍射测定结果，甘油三酯晶体中晶胞的长间隔大于脂肪酸碳链的长度。由于 sn-1,3 位的两个脂肪酸分子与 sn-2 位的脂肪酸指向相反，因此甘油三酯 sn-1,3 位的两个脂肪酸与 sn-2 位的脂肪酸在晶格中是交叉排列的。在甘油三酯稳定的 β 晶型中，脂肪酸多以"2 倍链长"方式排列，记作 β-2。但若其中一个酰基与其他两个显著不同或含有非对称分布的不饱和酰基等，脂肪酸则以"3 倍链长"方式排布，记作 β-3。

一般情况下，相同脂肪酸甘油三酯的晶格中，易形成 β-2 型排列，如三月桂酸甘油三酯的分子排列就呈这种结构。此外，碳原子数相近的、在甘油三酯上对称分布的混酸甘油三酯也可形成稳定的 β 晶型，并按照 β-2 排布。而非对称分布的混酸甘油三酯很难获得稳定的 β 晶型，而是形成 β' 型，按 β-2 或 β-3 排布。

脂肪的同质多晶性质，很大程度上受到酰基甘油中脂肪酸组成及其位置分布的影响。一般三酰基甘油品种比较接近的脂类倾向于快速转变成稳定的 β 型；而三酰基甘油品种不均匀的脂类倾向于较慢地转变成稳定构型。如大豆油、花生油、玉米油、橄榄油、椰子油及红花油还有可可脂和猪油倾向于形成 β 型；而棉籽油、棕榈油、菜籽油、牛乳脂肪、牛脂及改性猪油倾向于形成 β' 型，该晶体可以持续很长时间。生产巧克力的原料可可脂中，含有三种主要甘油酯[sn-POSt（40%）、sn-StOSt（30%）、sn-POP（15%）]，能形成六种同质多晶型（Ⅰ～Ⅵ）。其中，Ⅰ 型最不稳定，熔点最低；Ⅴ 型最稳定，是所期望的结构，使巧克力涂层具有光泽的外观；Ⅴ 型比Ⅵ型的熔点高，储藏过程中会从Ⅴ型转变为Ⅵ型，导致巧克力的表面形成一层非常薄的"白霜"。低浓度表面活性剂能改变脂肪熔化温度范围以及同质多晶型物的数量与类型，表面活性剂将稳定介稳态的同质多晶型，推动向最稳定型转变。山梨醇硬脂酸一酯和三酯可以抑制巧克力起霜，山梨醇硬脂酸三酯可加速介稳态同质多晶型转变成Ⅴ型。此外，研究表明长链多不饱和脂肪酸含量降低有利于结构脂玻璃化转变现象的形成，并在低温下表现出较高的结晶程度。不饱和脂肪酸含量越高、碳原子数量越多时，油脂越倾向于低温结晶，这种改性会增强油脂的结晶性质。

4.1.14　热力学性质

油脂是脂肪酸甘油三酯的混合物，各种甘油三酯的熔点不同。由于油脂是同质多晶物，不同晶型之间转变需要一个温度阶段，因此油脂熔化没有确定的熔点，而是一个温度范围（熔程）。油脂的熔化过程实际上是一系列稳定性不同的晶体相继熔化的总和。

固体熔化时需要吸收一定的热量从而发生熔变，相同脂肪酸甘油三酯稳定的 β 型和不稳定的 α 型加热熔化时的热焓曲线如图 4-1 所示。曲线 ABC 代表了 β 型晶体的热焓随温度的变化曲线，随温度的升高，热焓缓慢增加；接近熔点时，热熔急剧升高（熔化热），但温度保持不变，直到固体全部转变成液体。曲线 *DEBC* 为 α 型晶体的热熔随温度的变化曲线，由于 α 型晶体比 β 型晶体稳定性差，因此同温度下 α 型晶体的热熔比 β 型晶体的热熔高。与 β 型晶体相似，开始时 α 型晶体的热熔随温度的升高缓慢增加，接近熔点时（*E* 点），α 型晶型向 β 型晶型转变，热熔有所降低（吸收转变热），并与 *ABC* 曲线相交，按照 β 晶型的热熔曲线变化，直至完全熔化。

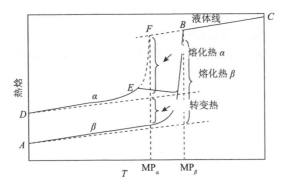

图 4-1　同酸甘油三酯 α 型和 β 型同质多晶体热焓变化曲线

不同甘油三酯，由于其脂肪酸的组成、链长、饱和度与不饱和度不同，产生的吸热峰和放热峰也不同。差示扫描量热法（differential scanning calorimetry, DSC）是油脂研究中最常用的热分析技术，采用 DSC 能有效反映油脂在程序升温、降温及恒温条件下发生物理变化（结晶、熔化、晶型转变等）或化学变化时的吸热和放热现象，从而推测油脂的物理和化学特性。研究显示，油脂的熔化和结晶性质对研究体内消化吸收具有重要意义，只有熔点在生理温度（36.6～37.3 ℃）以下的油脂才能快速被消化系统乳化并且吸收。有报道显示，采用 Lipozyme RM IM 催化大豆油和月桂酸合成 MLM 型结构脂后发现，与原大豆油相比，MLM 型结构脂碘值、黏度均降低，皂化值、结晶开始温度和熔融开始温度均显著提高。

4.2　sn-2 长链多不饱和脂肪酸单甘酯理化特性

4.2.1　研究背景

　　n-3 LC-PUFA 在功能性食品中被普遍应用主要得益于此类脂肪酸能够降低患病的风险。因此，将这种功能性的多不饱和脂肪酸嫁接在甘油碳链上，不仅可丰富油脂的种类，还能够定向合成具有特殊功能的结构脂。尽管针对 n-3 LC-PUFA 脂肪酸性质及功能的研究较多，但有关 n-3 LC-PUFA 单甘酯在食品领域的应用研究较少，特别是 sn-2 长链多不饱和脂肪酸单甘酯如何在食品凝胶体系中发挥作用尚不明晰。

单甘酯作为油胶凝剂能够促使甘油三酯形成稳定的油凝胶，但是凝胶剂的熔点普遍较高，含有单甘酯凝胶的制备流程往往需要进行剧烈的加热处理，只有当环境温度高于凝胶剂的玻璃化转变温度时，液态油脂才能被熔化的凝胶剂在结晶时形成的网络所捕获，但这个过程可能会降低油凝胶的化学稳定性。研究表明，高温处理对捕获在油凝胶中的液态油脂氧化稳定性有不利影响。单甘酯作为类脂化合物具有同质多晶现象，如何在油凝胶中既能够提供功能性脂肪酸（n-3 LC-PUFA），同时又能够保留良好的固体样物理特性，是 sn-2 长链多不饱和脂肪酸单甘酯能否广泛应用于食品体系的考虑因素之一。

4.2.2　研究内容

单甘酯作为类脂化合物，其同质多晶性质与促凝胶作用往往与脂肪酸种类及位置密切相关。当长链多不饱和脂肪酸在油凝胶中大量存在时，有必要了解凝胶中 sn-2 多不饱和脂肪酸单甘酯的促凝胶效果、抗氧化作用及机制。基于此，研究了不同含量的 sn-2 长链多不饱和脂肪酸单甘酯在凝胶体系中对凝胶热力学、形态学、流变学等物理性质的影响。

4.2.3　研究方法

1. 不同单甘酯添加比凝胶制备方法

样品 A：将不同添加比例的单甘酯（5wt%、10wt%、20wt%，质量分数）分别加入 3 个 100 mL 装有基础藻油的烧杯中，并将烧杯放置于温度恒定在 75 ℃的水浴中。在此温度下，单甘酯玻璃化转变温度低于反应温度，此时能够确保单甘酯在藻油中完全熔化。用玻璃棒搅拌熔化后的混合物后将其倒入一次性玻璃管（16 mm × 125 mm）中，并在室温下冷却 20 min 后在 4 ℃条件下冷藏保存 24 h，用于后续凝胶物理特性测试。

样品 B：将不同添加比例的单甘酯（5wt%、10wt%、20wt%）分别加入 3 个 100 mL 装有基础藻油的烧杯中，并将烧杯放置于 75 ℃的水浴中，分别加入 5 wt%去离子水和/或 300 μmol/L 亲水性抗氧化剂[抗坏血酸（AA）、绿茶提取物（GTE）]。用移液枪将 1.0 mL 的混合物液体转移至 10 mL 气相进样瓶中，然后用带有聚四氟乙烯/丁基橡胶的螺纹帽密封。将样品瓶在室温下冷却 20 min 后在 4 ℃条件下保存 24 h，将所有加盖的 GC 小瓶储存在密闭盒中置于 45 ℃保温箱中避光储存。

2. 单甘酯凝胶的热力学分析

采用差示扫描量热仪（DSC）来确定加热期间样品的热转变过程。将一份样品（8～10 mg）置于铝盘中并做密封处理，同时将空盘作为对照比较。将样品和对照盘置于 DSC 的测量室中在 0℃条件下平衡 2 min，然后以 2℃/min 的升温速度加热至 90℃。选择的温度范围从低于单甘酯的熔点温度至高于单甘酯的熔点温度。

3. 单甘酯凝胶的流变学分析

用旋转流变测定仪测定 25℃下油凝胶的流变行为。采用同心圆柱缸测量系统进行测量：旋转内缸（直径 25 mm）及静态外缸（直径 27.5 mm）。将样品加载到流变仪测量池中并使其平衡至 25℃且持续 5 min 后记录样品表观黏度。用锥板几何形状测定仪（锥体直径为 4 cm，角度为 3.59°）记录样品的黏弹性行为。在线性黏弹性区域（LVR）内进行动态测试，其中 G'（储能模量）和 G''（损耗模量）与施加的应力无关。以角频率（ω，Hz）的函数形式确定动态模量（G' 和 G''）。在表征样品的凝胶化反应时通过 Peltier 板以 3℃/min 的速度对温度进行控制。

4. 单甘酯凝胶的形态学分析

用带有加热式载物台的光学显微镜记录升温过程中不同温度下油凝胶的显微结构。将凝胶样品用玻璃棒均匀涂抹在显微镜载玻片后压紧盖玻片，将样品载玻片放置在加热载物台上以 5℃/min 的加热速度从 20℃加热至目标温度。使用微分干涉相差（DIC）显微镜，在交叉偏振器和分析仪下使用 40 倍物镜获取特定温度（25℃、50℃、55℃、60℃和 65℃）条件下凝胶样品的图像，并对记录的图像进行分析。

4.2.4 研究结果

1. 单甘酯油凝胶的表观特性

目前已有利用多不饱和脂肪酸单甘酯与液态油脂制备固态油凝胶的相关研究，但大部分研究主要集中在单甘酯-油二元体系的物理特性方面。由图 4-2 可知单甘酯是一种极佳的凝胶剂，能够在 5%的浓度水平上形成颜色均匀、感官状态稳定的油凝胶。相比无水凝胶而言，在一定含水状态下单甘酯的比例越高，凝胶状态越好且未发生两相分离的现象。当含水率降低为 5wt%时，5wt%和 10wt%的单甘酯油凝胶发生了明显的固液分离现象，单甘酯浓度达到 20wt%时才能形成较好的单甘酯凝胶，这表明在较低浓度的单甘酯和水同时存在时，凝胶网络中的水与液态油脂会相互竞争。Alfutimie 等的研究表明添加单甘酯会因为抑制亲脂性抗氧化剂 α-生育酚的有效性而降低大豆油的氧化稳定性，不仅如此，亲水性抗氧化剂对防止油包水乳液发生氧化作用也具有明显效果。为了测试不同亲水亲油条件下单甘酯对凝胶稳定性的影响，在不同含水比例条件下研究了单甘酯凝胶物理特性及氧化稳定性。

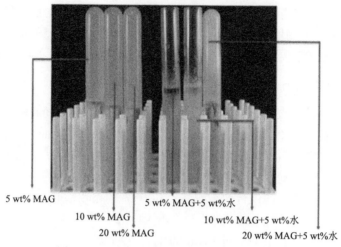

图 4-2 不同含水量甘单脂藻油凝胶样品状态

2. 不同单甘酯含量对油凝胶热力学特性的影响

由于凝胶剂的浓度会影响油凝胶的热力学特性，因此分析比较不同单甘酯及含水量对藻油凝胶的热力学性质影响。100%的单甘酯形成的油凝胶具有最高的峰熔融温度[T_m，71.48℃，图 4-3（a）]和熔化焓[ΔH_m，190.4 J/g，图 4-4]，表明该条件下形成的凝胶纯度较高且性质稳定。与纯单甘酯制备凝胶相比，单甘酯浓度降低，油凝胶的熔融温度也相应降低，并且藻油凝胶的 DSC 加热温度曲线为单峰。此外，峰熔融温度（T_m）随着油凝胶组成中单甘酯浓度增加而升高，当单甘酯比例由 5%增加至 20%时，T_m 从 61.50℃升高至 66.11℃，这表明单甘酯含量增加有利于凝胶的热稳定性。

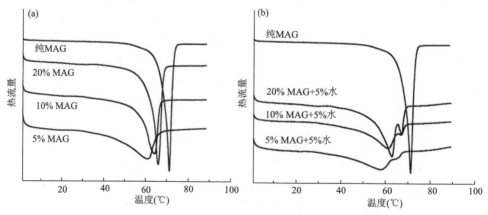

图 4-3 不同单甘酯（a）及含水量（b）油凝胶 DSC 热流量曲线

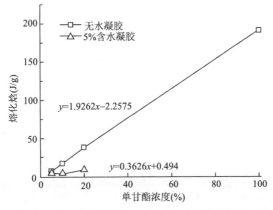

图 4-4　不同含水率条件下单甘酯油凝胶熔化焓变化

　　与无水条件凝胶热力学行为相比,含水量为 5%时凝胶热力学变化表现出了明显不同。由图 4-3（b）可见,凝胶在加热过程中热力学图谱中出现两个峰,这表明该凝胶存在两个主要的热力学过程。出现在低温区域内的优势峰以及该区域内每个体系的熔融温度均较低,而第二个热力学变化则发生在高温区域内,且熔融温度低于纯单甘酯油凝胶体系,Binks 等也在混合型单甘酯凝胶体系中发现了近似的相行为变化。本研究推测第一个吸热峰属于混合物体系的熔化,较低的熔融温度主要归因于单甘酯部分基团在有水存在情况下发生了水合作用,第二个吸热峰可能是在进一步加热时形成的新结构形态。

　　不仅如此,凝胶熔化焓（ΔH_m）也随着单甘酯浓度增加而线性增加,当单甘酯含量从 5%增加至 20%,ΔH_m 从 6.94 J/g 增加至 36.27 J/g（图 4-4）,这表明高浓度的单甘酯增加了其在藻油中的有效体积,并且在冷却时有效提高了单甘酯晶体的形成和生长,从而在油凝胶体系中产生更多的结晶物质。相比纯单甘酯凝胶体系,水的存在显著降低了每个体系的焓值,且变化斜率比纯单甘酯凝胶体系低81.2%,这表明在有水相存在的凝胶体系中凝胶热力学稳定性较差,本研究推测这与水降低了凝胶晶体的韧性并弱化了凝胶网络有关。

3. 不同单甘酯含量对凝胶晶体形态的影响

　　晶体形态学是凝胶微观结构的具体表现形式,水的存在是否会显著影响单甘酯藻油凝胶的显微结构是解释凝胶物理性质变化的重要依据之一。本研究采用温控显微镜表征分析不同含水量条件下单甘酯（浓度 20%）制备的凝胶在加热时的形态学变化。由图 4-5 可见,在 25℃时凝胶图像为黑色,表明此时的凝胶结构极其致密而牢固,光线无法透过致密的网络结构。随着温度的升高,凝胶固态晶体具有两种折射率,因此能够看到双折射和致密的晶体结构形态。当温度进一步升高至 50 ℃时，出现了明显且清晰的针状晶体，其长度在 10～20 μm 之间，这与 Bin 等的研究结果相类似。当温度升高至 55 ℃时，晶体从固态转变为液态并显示伴有部分熔化状的针状晶体。当温度升高至 60 ℃时，针状晶体消失，形成了局部分散的颗粒状晶体，本研究推测这是由于熔融温度较低的单甘酯组分形成的晶体熔化后，其在该温度下失去与藻油结合的能力。当温度进一步加热至 65 ℃时晶体并没有完全熔化，而是在连续的藻油相中出现突起的球形小滴，这可能是在达到凝胶熔点之前单甘酯出现了重新分布或重排。

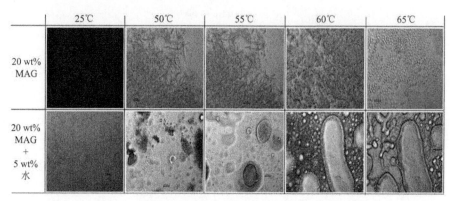

图 4-5　不同温度下单甘酯油凝胶的偏光显微镜图像

在水存在的情况下，单甘酯油凝胶结晶的显微图像则有明显不同（图 4-5）。在 25 ℃时能够清楚地观察到较小的纤维状晶体，这表明此时的凝胶结构密度较小。Bin 等也报道了在单甘酯浓度相对较低的水平上，凝胶纤维结构可产生较多的结晶基质，推测可能是由于单甘酯的极性基团发生水合作用而导致在两相界面上无法捕获液态油脂形成网状结构。随着温度升高至 50 ℃，纤维状晶体现象消失并产生了固体样特征，暗区水滴状聚结明显。样品继续加热至 55 ℃后，凝胶形成了被疏水性单甘酯稳定化的小水滴。Binks 等也观察到了相似的现象，并证实在加热接近于熔融温度范围上限时，疏水性分子发生熔化并溶解在油中，在凝胶系统中有效地稳定了水。图 4-5 还显示出聚集的水被单甘酯界面结晶作用产生的亮环包围，而其局部环境则由单个和聚集的单甘酯晶体和球晶体所包裹，这与 Lopez-Martínez 等的结果相近，推测这种现象是通过油-水界面上和连续相中高熔点、亲油性表面活性剂直接固化作用得到的 I 型折皱形成的。当凝胶体系进一步加热至 65 ℃甚至更高时，球晶结构部分熔化，并在水、油和单甘酯之间形成明显不同的区域。

4. 不同单甘酯含量对凝胶振荡流变的影响

流变学是评价凝胶等聚合物黏稠度、形变能力的测量指标之一。在等温和变温条件下，分别评价了不同含水量（0%、5%）对于不同含量单甘酯油凝胶流变学特性的影响。由图 4-6 可以看出，含 5%单甘酯的凝胶体系较弱，其剪切模量 G^* 值约为 1000 Pa，推测可能的原因在于较低的固体含量和脆弱的网络结构。此外，凝胶体系的流变特性随着振荡频率的增加而逐渐递增，表明其具有高的剪切力敏感性和弱的凝胶性质。当单甘酯的浓度超过 10%时，油凝胶的强度急剧增加，并且呈近似线性变化趋势。考虑到油凝胶强度由结晶型单甘酯的网络决定，研究结果进一步说明了单甘酯含量增加会导致形成更结构化的网络，在接近于高振荡频率时其诱导的凝胶稳定性最大。藻油中形成强凝胶网络所需的单甘酯浓度显著高于其他液态油体系中形成强凝胶网络所需的浓度，推测造成这种现象的原因在于形成油凝胶所需的油凝胶剂最小浓度取决于液态油脂的脂肪酸组成。由于本研究采用的藻油其不饱和脂肪酸较多，因此需要更高比例的单甘酯来形成较强的凝胶。

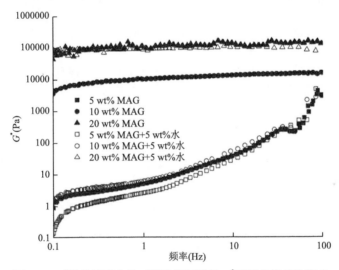

图 4-6　不同单甘酯含量对凝胶剪切模量 G^* 的频率依赖性影响

　　水的存在对油凝胶的黏弹性有不利影响。5%和 10%单甘酯制备的油凝胶其黏弹性具有低 G^* 值且具有频率依赖性。对于含有 20%单甘酯的油凝胶，则观察到了最高的 G^* 值，该 G^* 值的数量级与无水情况下的油凝胶相同。这也意味着大量的单甘酯能够保持油凝胶的强度，该强度并不受低剂量水的影响，添加水不会改变该体系的复模量，并且复模量与所应用的振荡频率范围无关。这一结果与样品制备后发生油析出和相分离的图（图 4-2）也能够相互印证。

　　凝胶的剪切模量（G^*）具有不依赖于水和单甘酯含量的特点（图 4-7、图 4-8）。尽管温度有所改变，但所有体系均能在固体或半固体凝胶和液体分散剂之间进行可逆性转变，表明其具有热力学可逆性。此外，在加热和冷却时出现的非叠加性剪切模量曲线表明，在从凝胶到液体分散剂转变过程中出现了滞后效应，其他油凝胶研究也报道了相似的结果。在含水率稳定的情况下，单甘酯浓度对油凝胶体系中滞后效应的影响是有限的，虽然复模量表征分析产生了相似性，特别是油凝胶的复模量曲线显示在加热过程中持续减少，但在冷却过程中复模量曲线会持续增加。Lopez-Martínez 等的研究表明此类变化反映凝胶化并不会促使形成有序排列的二级结构，当有水存在时藻油凝胶中出现了不同的复模量曲线。不仅如此，复模量的较大幅度增加与较高的单甘酯浓度（＞10%）相关，这也从侧面印证了 DSC 和形态学结果的分析。

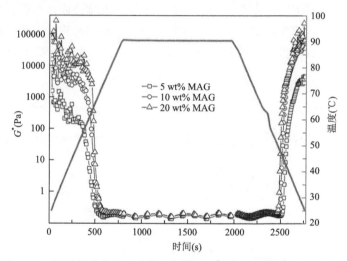

图 4-7　不同单甘酯含量对油凝胶复模量 G^* 与时间和温度关系的影响

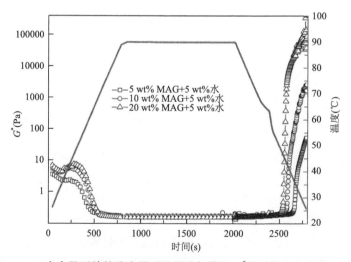

图 4-8　5wt%含水量下单甘酯含量对油凝胶复模量 G^* 与时间和温度关系的影响

4.2.5　研究结论

分别研究不同含量单甘酯在凝胶体系中对凝胶物理性质（热力学、形态学、流变学等）的影响，并考察了水和天然亲水性抗氧化剂对单甘酯藻油油凝胶氧化稳定性的影响。

（1）单甘酯可作为凝胶剂与藻油制备成半固体油凝胶。单甘酯浓度对油凝胶的物理学特性有显著影响，其熔融温度（T_m）、熔化焓（ΔH_m）和凝胶强度随着单甘酯浓度的增加而增加，表明形成了较好的凝胶网络。

（2）单甘酯能够保持油凝胶的强度，该强度并不受低剂量水的影响，添加水不会改变该体系的复模量，并且复模量与所应用的振荡频率范围无关。

（3）在较低的单甘酯浓度水平上（5%、10%），凝胶网络结构不稳定，导致藻油析出并出现两相分离现象。只有较高浓度（20%）的单甘酯才能促进形成较强的凝胶网络，从而稳定藻油在凝胶体系中的物理学性质。

4.3　*sn*-2 长链多不饱和脂肪酸 MLM 型结构脂理化特性

4.3.1　研究背景

在结构脂中，MLM 型结构脂被认为是结构脂最理想的结构形式。MLM 型结构脂是指在甘油碳链的 *sn*-2 位连接长碳链脂肪酸（L），*sn*-1,3 位连接中碳链脂肪酸（M）的一种特殊结构脂。已有研究表明，MLM 型结构脂具有吸收好、功能强的优势和特点，具有很好的保健功能和营养特性，其不仅具有抗菌、抗炎症的特性，还可以有效降低总胆固醇和低密度脂蛋白胆固醇，并且不影响循环中的高密度脂蛋白胆固醇含量。但是关于 MLM 型结构脂的理化性质鲜有系统的研究。

4.3.2　研究内容

以藻油为原料，采用两步酶法制备 2-二十二碳六烯基单甘酯（2D-MAG），并引入辛酸酶解反应制备 *sn*-1,3 位含辛酸、*sn*-2 位含 DHA 的 MLM 型结构脂，对制备的 MLM 型结构脂的热值、黏度、熔融结晶等理化特性进行全面分析。

4.3.3　研究方法

1. MLM 型结构脂理化特性分析方法

密度、折光指数、皂化值、碘值分别参考 Biranchi 等的方法测定。透明度测定参照《植物油脂透明度、气味、滋味鉴定法》（GB/T 5525—2008）方法测定。

采用氧弹量热法测定油脂的热量。

2. MLM 型结构脂 DSC 分析方法

参照 Wang 等的方法并做适当修改：采用差示扫描量热仪对加热期间结构脂的熔融结晶形貌进行分析。将 3 mg 样品称重后置于铝盘中，并做密封处理，同时将空盘作为对照比较。将样品和对照盘置于 DSC 的测量室中，以 5 ℃/min 速度加热样品从−60 ℃到 40 ℃，并在 40 ℃保持 10 min，然后以 5 ℃/min 的速度降温至−60 ℃，在−60 ℃下保持 10 min，最后以 5 ℃/min 加热样品到 40 ℃。选择的温度范围从低于甘油三酯的熔点温度至高于甘油三酯的熔点温度。

3. MLM 型结构脂黏稠度测定方法

将样品倒入反挤压装置所配置的容器中，选取直径为 30 mm 的反挤压活塞片为挤压探头；将反挤压装置放置于质构仪的平板上，探头以匀速对样品进行下压，接触样品表面并感受 1.5 g 的触发力时，仪器开始记录样品受挤压而产生的力，达到目标位移 5 mm 后，探头开始以测试后速度返回到起始位置。

4.3.4　研究结果

1. 结构脂质的脂肪酸组成及含量分析

藻油的脂肪酸以 C22:6（44.37%）和 C16:0（27.5%）为主，其次是 C14:0、C18:1 和 C22:5，含量分别为 6.21%、5.37%和 7.42%（表 4-1）。其中 PUFA 在藻油 sn-2 位的比例高达 64.29%，显著高于 SFA（28.16%）和 MUFA（5.01%），特别是 47.38%的 DHA 在天然藻油中主要集中在甘油三酯 sn-2 位上，远高于其他脂肪酸含量，这表明天然藻油是 sn-2 多不饱和脂肪酸 MLM 结构脂的理想修饰原料之一。修饰后的 MLM 结构脂主要以 C22:6、C16:0 和 C8:0 为主，含量分别为 38.14%、24.39%和 20.35%。与天然藻油相比，结构脂中辛酸插入率为 33.16%且主要位于甘油骨架 sn-1,3 位，插入的辛酸中 93.27%分布在甘油骨架 sn-1,3 位上，6.73%分布在 sn-2 位上。修饰后的结构脂中 sn-1,3 位 DHA 从 45.87%下降至 37.52%（P<0.05），而 sn-1,3 位的辛酸则上升至 29.33%。此外，修饰后的结构脂 sn-2 位 DHA 含量变化不明显（39.38%）。Abed 等的研究表明，酶催化后长链 AA 在 sn-2 位的含量显著增加，从 44.53%增加到 49.45%，由于辛酸的加入结构脂在 sn-1,3 位木质素酸和棕榈酸的含量分别从 16.30%和 11.60%下降到 8.65%和 4.09%。TLC、UPLC-MS/MS 和 GC 手段的表征均能够证实 Lipozyme RM IM 能够较好地催化藻油与辛酸进行醇解得到合成率和纯度较高的 1,3C-2D-TAG 结构脂，且结构脂的结构属于 sn-2 长链多不饱和脂肪酸 MLM 型。

表 4-1　MLM 型结构脂修饰前后脂肪酸组成及含量

脂肪酸	修饰前			修饰后		
	总脂肪酸	*sn*-2 位	*sn*-1,3 位	总脂肪酸	*sn*-2 位	*sn*-1,3 位
C8:0	未发现	未发现	未发现	20.35 ± 1.53^a	2.39 ± 0.08^a	33.16 ± 1.79^a
C14:0	6.21 ± 0.22^a	3.85 ± 0.17^a	6.89 ± 0.21^a	3.64 ± 0.21^b	5.61 ± 0.46^b	2.66 ± 0.12^b
C16:0	27.5 ± 0.94^a	18.85 ± 1.32^a	32.83 ± 2.03^a	24.39 ± 2.48^a	28.83 ± 3.27^b	22.17 ± 3.26^b
C16:1	1.73 ± 0.15^a	1.47 ± 0.11^a	1.36 ± 0.09^a	1.15 ± 0.11^b	1.60 ± 0.15^a	0.93 ± 0.06^b
C18:0	2.99 ± 0.22^a	5.46 ± 0.08^a	3.26 ± 0.25^a	2.36 ± 0.30^a	5.07 ± 0.36^a	1.01 ± 0.03^b
C18:1	5.37 ± 0.01^a	3.54 ± 0.26^a	0.29 ± 0.07^a	1.63 ± 0.09^b	2.25 ± 0.19^b	1.32 ± 0.10^b
C18:2 *n*-6	0.51 ± 0.02^a	0.63 ± 0.12^a	0.45 ± 0.06^a	0.40 ± 0.03^b	0.99 ± 0.10^b	0.11 ± 0.04^b
C18:3 *n*-3	0.46 ± 0.01^a	未发现	0.69 ± 0.04^a	0.35 ± 0.02^b	未发现	0.53 ± 0.02^b
C20:4 *n*-3	0.24 ± 0.02^a	0.36 ± 0.02^a	0.18 ± 0.02^a	0.42 ± 0.10^b	1.01 ± 0.07^b	0.13 ± 0.01^b
C20:5 *n*-3	1.26 ± 0.31^a	4.58 ± 0.01^a	2.60 ± 0.25^a	2.72 ± 0.08^b	5.01 ± 0.33^a	1.58 ± 0.16^b
C22:5 *n*-6	7.42 ± 0.12^a	11.34 ± 0.15^a	2.46 ± 0.18^a	2.15 ± 0.34^b	4.38 ± 0.24^b	1.04 ± 0.11^b
C22:6 *n*-3	44.37 ± 2.75^a	47.38 ± 4.69^a	45.87 ± 3.95^a	38.14 ± 3.55^b	39.38 ± 4.63^b	37.52 ± 4.52^b
∑SFA	36.7 ± 3.94^a	28.16 ± 1.20^a	42.97 ± 2.36^a	50.74 ± 4.64^b	41.90 ± 4.99^b	58.26 ± 6.14^b
∑MUFA	7.1 ± 0.20^a	5.01 ± 0.53^a	1.65 ± 0.10^a	2.78 ± 1.81^b	3.85 ± 0.24^b	2.25 ± 0.23^b
∑PUFA	54.26 ± 3.34^a	64.29 ± 4.85^a	52.25 ± 3.75^a	44.18 ± 5.12^b	50.77 ± 4.96^b	40.89 ± 4.86^b
∑*n*-3 PUFA	46.33 ± 4.01^a	52.32 ± 5.17^a	43.26 ± 3.68^a	41.63 ± 3.44^b	45.4 ± 3.42^b	39.76 ± 4.38^b

注：表中不同字母代表修饰前后组别之间存在显著性差异（$P<0.05$）

2. MLM 型结构脂修饰前后理化性质

改性前后油脂（藻油和结构脂）的理化特性如表 4-2 所示，其中改性前后油脂的折射率和密度指标没有显著性差异（$P>0.05$）。藻油的碘值显著高于改性后制备的 1,3C-2D-TAG 结构脂（$P<0.05$），原因可能在于改性后样品中不饱和长链脂肪酸含量降低，总脂肪酸组成及含量发生了变化，同时也反映出结构脂较藻油具有更高的氧化稳定性。有研究显示共轭亚油酸和椰子油合成的结构脂氧化稳定性与共轭亚油酸含量和脂肪酸位置分布有关，脂肪酸位置分布影响结构脂的物理特性。与藻油相比，1,3C-2D-TAG 结构脂具有更高的皂化值，可能的原因在于其脂肪酸的碳链较短且含量较高。Haman 等也报道了将癸酸与微藻裂殖壶菌属衍生的商品 ω-3 油进行酶法改性，得到的结构脂中癸酸主要存在于 *sn*-1,3 位且 DPA 酯化在 *sn*-2 位，得到的结构脂比未改性前具有更高的 2-硫代巴比妥酸（TBA）值和皂化值。综合来看，油脂改性对理化性质的改变和提升具有积极作用。

表 4-2　MLM 型结构脂修饰前后理化特性

指标	藻油	结构脂
透明度	半澄清、半透明	澄清、透明
气味	腥味较重	有少许腥味
色泽	黄绿色	微黄
折射率（25℃）	1.56±0.01[a]	1.39±0.02[a]
密度（25℃，g/mL）	0.95±0.07[a]	0.92±0.01[a]
皂化值（mg KOH/g）	180.06±9.66[a]	249.52±4.31[b]
碘值（g I$_2$/100 g）	151.39±6.79[a]	70.69±1.65[b]
热值（kJ/g）	42.62±2.38[a]	33.23±3.44[b]

　　热值是反映油脂供应能量的重要指标，摄入低热值油脂能够明显抑制肥胖及心脑血管疾病的患病率。图 4-9 显示藻油改性得到的结构脂热值为 33.23 kJ/g，相比藻油下降了 22.0%（$P<0.05$），推测是由于 sn-1,3 位接入了更多的饱和中链脂肪酸，降低了油脂总脂肪酸不饱和程度，进而降低了油脂的热能转化率。Norizzah 等也发现棕榈硬脂酸与油酸共混物经酶催化酯化后结构脂的热值比共混物更低。刘天一等用二次酶解法制备了纯度为 94.3% 的 SLS 型结构脂质，其热值（21.12 kJ/g）仅为普通大豆油的 55%。本研究结果表明对藻油进行酯化改性后，结构脂不仅具有传统油脂的物理性能，而且有效地降低了热量值，因此后续有必要进一步验证其对肥胖或心血管疾病因子的功能性调节作用。

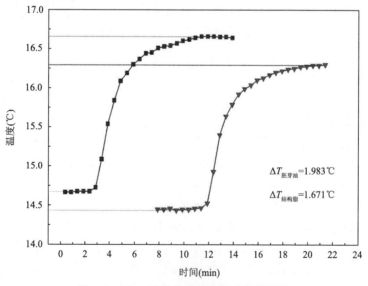

图 4-9　MLM 型结构脂修饰前后热值差异

3. MLM 型结构脂修饰前后 DSC 分析

油脂的熔融结晶形态与其化学结构及组成密切相关。Zou 等的研究显示，只有熔点在生理温度（36.6～37.3 ℃）以下的油脂才能快速被消化系统乳化并且吸收，因此油脂的熔化和结晶性质对研究体内消化吸收具有重要意义。由图 4-10 可知，藻油 TAG、1,3C-2D-TAG、三辛酸甘油三酯（1,2,3C-TAG）的熔融结晶温度均低于生理温度。藻油 TAG 分别在-36.47 ℃、-24.22 ℃和-12.63 ℃处有三个结晶峰，其中-36.47 ℃的结晶峰最大，表明藻油 TAG 在-12.63 ℃开始形成结晶状态，-36.47 ℃结晶状态最明显。本研究认为藻油 TAG 具有连续的三个结晶峰的原因可能在于高分子量的 TAG 因分子链相互作用，有形成凝聚缠结及物理交联网络的趋向。这种凝聚的密度和强度主要取决于温度，当甘油三酯混合物温度连续变化时，局部分子链段的运动使分子链向低能态转变，必然会形成新的凝聚缠结并同时释放能量。

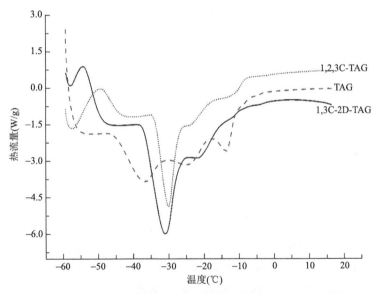

图 4-10　三辛酸甘油酯和 MLM 型结构脂修饰前后熔融曲线图

对甘油三酯的 *sn*-1,3 位上接入辛酸改性后，甘油酯的熔融结晶行为与改性前有明显的变化。1,3C-2D-TAG 结构脂在-54.28 ℃处出现 1 个熔融峰，在-31.64 ℃处出现 1 个较高的结晶峰，表现出较低的熔融和结晶温度，这个结果表明当甘油三酯中长链不饱和脂肪酸比例降低（与藻油相比）后，1,3C-2D-TAG 结构脂的固液转变程度提高，长链多不饱和脂肪酸含量降低有利于结构脂玻璃化转变现象的形成，并在低温下表现出较高的结晶程度。有研究也证实了当 UFA 含量越高、碳原子数量越多时，油脂越倾向于低温结晶，这种改性会增强油脂的结晶性质。

　　与 1,3C-2D-TAG 结构脂相比，1,2,3C-TAG 在−48.95 ℃处出现 1 个熔融峰，该熔融峰温度较 1,3C-2D-TAG 结构脂向右偏移了约 6 ℃，表明 1,2,3C-TAG 较 1,3C-2D-TAG 结构脂有更好的塑性。尽管 1,3C-2D-TAG 在甘油三酯 sn-2 位也接入了辛酸，但两者在−30 ℃附近均有最大结晶峰，该结果表明 sn-2 位连接的脂肪酸不影响甘油三酯的结晶温度，但长链不饱和脂肪酸的接入会显著增加甘油三酯的结晶程度。与藻油 TAG 相比，sn-1,3 位连接的脂肪酸种类（辛酸）对其结晶和熔融特性影响较大，这种结晶特性对含脂产品稳定性及商品化应用具有重要意义。

4. MLM 型结构脂修饰前后黏度分析

　　黏度、稠度和表面张力是油脂流变体系表面及内部流动时内摩擦力及分散性能的直观体现，对评价油脂性能具有重要意义。图 4-11 是藻油 TAG、1,3C-2D-TAG 及 1,2,3C-TAG 的黏度及稠度变化情况。曲线的第一个峰是质构仪探头下压时与三种甘油酯完全接触后探头感受到的表面张力，结果显示藻油 TAG 的表面张力最大，为 4.68 gf，显著高于 1,3C-2D-TAG（3.51 gf）和 1,2,3C-TAG（3.34 gf）（$P<0.05$），当质构仪探头浸入油脂内部持续运动后，三种油脂在 0.6 mm/s 的切应力作用下的稠度关系是藻油 TAG＞1,3C-2D-TAG＞1,2,3C-TAG。稠度是浓分散体的流变性质，该结果表明藻油 TAG 的可塑性较强，经过修饰后的 1,3C-2D-TAG 降低了油脂的可塑性，但 1,3C-2D-TAG 的铺展性得到了显著提高（$P<0.05$）。当探头即将离开油脂液面时，由于油脂的黏附力对探头的返回运动会产生抵抗作用，此时的作用应力代表油脂的黏性。由图 4-11 可知藻油 TAG 的黏度在 114s 时达到−2.24 gf，显著低于 1,3C-2D-TAG 和 1,2,3C-TAG（$P<0.05$）。黏度是分子间内摩擦力的一个量度，由油脂中长链分子间的吸引力引起，反映的是 TAG 长链的分子间吸引关系。对藻油 TAG 的 sn-1,3 位进行替换修饰后，1,3C-2D-TAG 结构脂的长链不饱和脂肪酸比例下降，其黏度随着脂肪酸不饱和度的降低而略有增加，随着 1,2,3C-TAG 进一步对 sn-2 位的 DHA 也进行替换修饰，1,2,3C-TAG 结构脂的黏度随氢化程度的增加进一步增强。有研究表明在饱和度相同的条件下，含分子量低的脂肪酸的油脂黏度较低。基于此，研究认为油脂高分子量的分子链会有相互作用形成凝聚缠结及物理交联网的趋向，当油脂结构中三个酰基位替换为较短的脂肪酸后，这种凝聚缠结现象减弱，此时修饰后的结构脂在表面张力及稠度特性上有所降低，但油脂的黏度存在一定的增强现象，成膜的难度较高，这个推论或许为今后 MLM 型长链多不饱和脂肪酸结构脂在乳化体系中的应用提供一些参考。

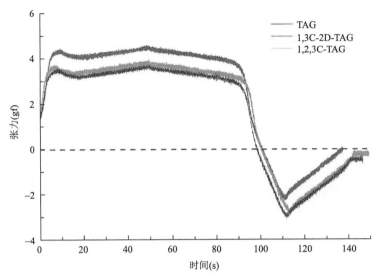

图 4-11　三辛酸甘油酯和 MLM 型结构脂的黏度及稠度特性图

4.3.5　研究结论

利用 Lipozyme RM IM 脂肪酶催化藻油和辛酸发生两步法醇解反应制备 MLM 型 1,3C-2D-TAG 结构脂，同时对制备的 1,3C-2D-TAG 结构脂的热值、黏度、熔融结晶等理化特性进行了对比分析，结果如下。

（1）改性后的 1,3C-2D-TAG 结构脂的碘值显著低于藻油，原因可能在于改性后样品中不饱和长链脂肪酸含量降低，反映出 1,3C-2D-TAG 较藻油具有更高的氧化稳定性。此外，改性后得到的结构脂热值为 33.23 kJ/g，相比藻油下降了 22.0%（$P < 0.05$），结果表明对藻油进行酯化改性后结构脂不仅具有传统油脂的物理性能，而且有效地降低了油脂的热量值，经过改性后在不同理化性质的改变和提升方面具有积极作用。

（2）藻油 TAG、1,3C-2D-TAG、1,2,3C-TAG 的熔融结晶温度均低于生理温度。1,3C-2D-TAG 结构脂在−54.28 ℃处出现 1 个熔融峰，在−31.64 ℃处出现 1 个较高的结晶峰，表现出较低的熔融和结晶温度，结果表明 1,3C-2D-TAG 结构脂的固液转变程度更高，长链多不饱和脂肪酸含量降低有利于结构脂玻璃化转变现象的形成，并在低温下表现出较高的结晶程度。此外，1,3C-2D-TAG *sn*-2 位连接的脂肪酸不影响甘油三酯的结晶温度，但长链不饱和脂肪酸的接入会显著增加甘油三酯的结晶程度。

（3）三种油脂在 0.6 mm/s 的切应力作用下的稠度关系是藻油 TAG＞1,3C-2D-TAG＞1,2,3C-TAG。藻油 TAG 的黏度在 114s 时达到−2.24 gf，显著低于 1,3C-2D-TAG 和 1,2,3C-TAG（$P < 0.05$）。对藻油 TAG 的 *sn*-1,3 位进行替换修饰后，1,3C-2D-TAG 结构脂的长链不饱和脂肪酸比例下降，其黏度随着脂肪酸不饱和度的降低而略有增加。1,2,3C-TAG 结构脂的黏度随氢化程度的增加进一步增强。

第 5 章　*sn-2* 位长链结构脂的氧化特性及稳定性

5.1　长链结构脂氧化过程及产物特征

结构脂的自动氧化，是化合物和空气中的氧在室温下，未经任何光照及任何催化剂等条件的完全自发的氧化反应，随反应进行其中间状态及初级产物又能加快其反应速率。脂类的自动氧化是自由基的连锁反应，其酸败过程可以分为诱导期、传播期、终止期和二次产物形成期四个阶段（图 5-1）。其中，氧化诱导期的启动对氧化的程度和速率起着至关重要的作用。Kiokias 等就分别报道了不同氧化阶段 MLM 型结构脂的氧化效果，尽管诱导期存在时间较短，但它反映着结构脂的稳定性，决定了结构脂被氧化的难易程度。因此，研究氧化诱导期将对控制结构脂氧化具有重要的实际意义。

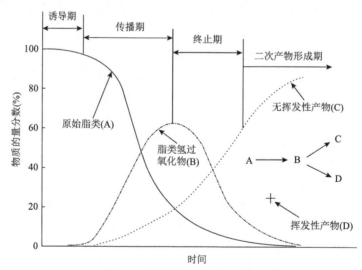

图 5-1　结构脂氧化过程示意图

5.1.1　长链结构脂氧化路径

相关理论和研究认为，结构脂的稳定性在很大程度上由其脂肪酸组成决定，脂肪酸的不饱和程度和不饱和脂肪酸的化学变化会直接影响结构脂的氧化进程。

由于脂类的自动氧化是酰基甘油三酯生成酰基和丙三醇的过程，这个过程需要有脂肪酸体外氧化后提供更多的自由基来持续作用这个过程，因此，脂肪酸氧化直接影响着脂类自动氧化的速率和程度，被认为是结构脂氧化过程中极其重要的限制因子。有研究发现用低剂量的乙二胺四乙酸（EDTA）螯合结构脂表面的金属离子可以有效降低其脂肪酸的氧化，且两者呈现显著正相关关系，推测金属离子先诱发脂肪酸氧化是导致结构脂最终氧化的直接原因。一般认为，连接在甘油骨架上的脂肪酸断裂途径主要有两种：一种是先发生脱羧和脱羰，再发生 C—C 键断裂产生烃类自由基；另一种是烃类部分先断裂，再发生脱羧和脱羰产生短链分子，这两种途径相互竞争。Nuchi 等报道，n-3 多不饱和脂肪酸会增加结构脂发生氧化的敏感程度，这种单向的不可逆变化对结构脂的安全性有显著影响。

5.1.2　长链结构脂初级氧化产物

结构脂的氧化变质是从不饱和脂肪酸的氧化开始的，氧化所需的时间也接近于各不饱和脂肪酸氧化所需的时间，这表明结构脂的氧化作用主要发生在 TAG 的不饱和双键上。因此结构脂的不饱和程度越高，其氧化作用发生越明显。尽管测定结构脂氧化程度有很多种常规分析方法，但尚无一种方法可以有效测定所有结构脂体系中的全部脂质氧化反应。尽管如此，氢过氧化物以及自由基含量是结构脂氧化初级产物中研究较广泛的氧化监测指标。

在氧化反应初期，结构脂自动氧化产生的氢过氧化物生成速率超过其降解速率，但随着氧化程度的不断进行，终止期氢过氧化物的降解速率反而超过其生成速率。因此，过氧化值可作为氧化反应初期和中期结构脂氧化程度的衡量指标。通过监测结构脂氢过氧化物的量与时间的关系，可以评估结构脂是处于氢过氧化物浓度的增长期或衰减期。过氧化值（PV）是反映结构脂中的氢过氧化物总量的常用指标之一，它能够反映出每千克样品消耗氧的毫克当量数（meq/kg），或者每 100 g 样品消耗活性氧的克当量数（g/100 g），换算关系为 1 g/100 g = 78.9 meq/kg。目前对结构脂的 PV 测定方法多数是采用碘量法，如在 560 nm 处测定多羟基配合物，在 290 nm 或 360 nm 处用分光光度法测定 I3-发色团含量等方法，这些技术均能够很准确地测定氢过氧化物的含量。Norizzah 等报道了棕榈硬脂酸与油酸共混物经酶催化酯化后，结构脂过氧化值均高于共混物，表明共混物中存在较多的氢过氧化物。这可能是由于在酯化过程中形成的副产物，如游离脂肪酸和部分酰基甘油作为前氧化剂，诱导了自氧化。结构脂初级氧化产物的分析方法见表 5-1。

表 5-1　结构脂初级氧化产物的分析方法

方法	原理	测量法	灵敏度
碘量法（PV）	用 KI 还原 ROOH，测定 I_2	用 $Na_2S_2O_3$ 滴定	约 0.5 meq/kg
铁离子络合物法（PV）	用 Fe^{2+} 还原 ROOH 形成 Fe^{3+} 络合物	与 SCN^- 的红色络合物在 500～510 nm 处的吸收、与二甲酚橙的蓝紫色络合物在 560 nm 处的吸收	约 0.1 meq/kg
FTR（PV）	用 TPP 还原 ROOH	TPPO 在 542cm^{-1} 处的吸收	约 0.2 meq/kg
化学发光法（PV）	在亚铁血红素催化下与鲁米诺反应	氧化鲁米诺的化学发光散射	约 1 pmol
GC-MS（PV）	ROOH 还原成 ROH，对 ROH 衍生物定量	ROH 衍生物	约 0.2 meq/kg
UV 光谱法（共轭二烯和三烯）	共轭二烯和三烯的评价	在 230～234 nm 和 268 nm 处的吸收	约 0.2 meq/kg

除过氧化值能够反映结构脂初级氧化程度以外，脂质自由基的含量也能够较好地反映氧化初期脂肪酸链氧化的状态。氧化初期自由基由于链反应成为体系中的短寿命中间体，基于游离基测定和游离基形成趋势的一些方法能够更好地反映结构脂氧化的诱发原因及过程。电子自旋共振光谱（ESR）对于脂质氧化早期和油脂氧化稳定性预测的研究具有很大的价值。其原理是基于自由基中未成对电子的顺磁性特点，通过与稳定的顺磁性化合物比较，可对自由基浓度进行定量，这个方法灵敏性高，条件温和，只需制备较少的样品。ESR 和耗氧量分析法具有很好的线性关系，因此是测定结构脂氧化初级阶段的理想方法。

5.1.3　长链结构脂次级氧化产物

初级氧化产物氢过氧化物性质不稳定，极容易降解形成挥发性、非挥发性及多聚的次级氧化产物混合物。这些次级氧化产物主要包括醛、酮、醇、烃、挥发性的有机酸和环氧化合物等。羰基化合物包括醛和酮类物质，是氢过氧化物降解产生的次级氧化产物，与结构脂氧化酸败产生异味具有很大关系。总羰基化合物一般会根据羰基衍生物的吸光度来进行比色法定性。结构脂氧化过程中形成的羰基化合物先与 2,4-二硝基苯肼（DNPH）反应，在一定波长下，通过分光光度法测定最终的有色物质 2,4-二硝基苯腙。除测定总羰基含量外，单个羰基化合物的分析也是监测结构脂氧化的理想途径。例如，乙醛是亚油酸和 *n*-6 脂肪酸氧化过程中形成的主要次级氧化产物之一，它可作为反映富含 *n*-6 脂质氧化的一个可靠指标。然而，乙醛的挥发性会受到一些因素的影响，乙醛与食品中蛋白质之间的共价键会影响乙醛定量的准确性。与乙醛类似，其他的羰基化合物（丙醛、戊醛、癸二烯醛）也被用于评价脂质的氧化。在评价富含 *n*-3 脂肪酸（如 DHA 等）脂质氧化时，丙醛就是一个较为理想的指标，已有较多的研究利用丙醛含量的变化反映 *n*-3 脂肪酸氧化的进程。

硫代巴比妥酸（TBA）测定法也是了解结构脂氧化变质的最常用方法之一。脂质氧化过程中，脂肪酸会降解形成一类具有双键的丙二醛（MA）物质。丙二醛通常作为脂质氧化阶段的监测值，是早期表征氧化的理想方式。Shahidi 等发现，丙二醛含量、感官评定得分和 TBA 值之间有较好的线性关系，说明几个指标可相互补充印证油脂氧化的程度。然而，由于氧化过程中其他底物会与 TBA 试剂反应，产生吸光物质（如烷烃类、2-烯醛类），复合物的色泽比实际强度偏高，所以 TBA 试验的特异性和灵敏性有一定的缺陷。此外，*p*-茴香胺值也常被用于测定不饱和程度较高结构脂的氧化酸败。相对于饱和醛来说，*p*-茴香胺值法对不饱和醛有更高的灵敏性。结构脂次级氧化产物分析方法见表 5-2。

表 5-2　结构脂次级氧化产物分析方法

方法	化合物	注释	应用
TBA	硫代巴比妥酸反应产物，主要是丙二醛	光谱技术，可用于分析整个样品	所有样品
p-茴香胺值	醛，主要是烯醛	350 nm 测量，有标准方法	油脂
羰基值	总羰基或形成的特殊的羰基化合物	光谱技术和用于分析总的或者特殊的羰基化合物 HPLC	结构脂
OSI 法	挥发性有机酸	快速自动地检测电导率的变化	油脂
气相色谱法	挥发性的羰基化合物和烃	直接顶空快速分析法	所有样品

5.1.4　长链结构脂其他氧化产物

油脂稳定性指数（OSI）反映的是脂质氧化过程中，与氢过氧化物同时产生的一类挥发性有机酸（甲酸和乙酸），也包括醇和羰基化合物进一步氧化生成的羧酸，这些酸类均是高温下产生的挥发性次级氧化产物。当油脂氧化产生的挥发物遇水溶解形成酸后，OSI 法可通过测定电导率的变化来分析挥发酸的生成量。

OSI 值定义为氧化速率变化最大的点，这主要是由于脂质氧化过程中挥发性有机酸的形成会最终导致电导率增加。与其他方法不同，OSI 法要求过氧化值大于 100 时测定的结果才可靠可信，这是因为弱酸的环境不利于电导率及时反馈。Canizares 等通过研究证实，稳定性较高的油脂 OSI，如果在过量氧或空气存在，并且处于高温条件下加速油脂的氧化过程，则结果比非正常情况下更准确。OSI法测定与常温储存条件不同之处在于它依靠空气流和高温来加速氧化。虽然同样都是采用加速氧化的原理，但与自动活性氧法（AOM）测定 PV 值不同，OSI 法主要测定由离子挥发性酸所引起的电导率变化。尽管 OSI 法可用于油脂的质量控制，但由于某些原因不推荐它用于抗氧化活性的测定。在测试时，挥发性抗氧化剂会被空气流从油样中带出，这会与正常状态下油脂的稳定性存在一定的偏差。结构脂的酶法制备过程以及纯化过程可能会导致天然抗氧化剂损失，因此在结构脂中添加生育酚等抗氧化剂是增加结构脂稳定性的重要手段。将改性脂质加入至婴儿配方奶粉中，奶粉的氧化稳定性显著降低，且不饱和脂肪酸发生初级氧化的程度高于对照组，有研究表明需要加入抗氧化剂（如生育酚）以提高商用食品的氧化稳定性。

5.2　sn-2 长链多不饱和脂肪酸结构脂氧化稳定性

5.2.1　研究背景

氧化是油脂不可避免发生的化学反应，这个过程会导致高脂食品口感、外观、质地、货架期等质量属性发生变化，导致重要营养物质流失，形成潜在的毒性反应产物。尽管长链 n-3 多不饱和脂肪酸（DHA）已被证明在人类健康中发挥重要作用，但高 DHA 含量的结构脂使用范围受限的一个重要原因就是 DHA 对氧化酸败的高度敏感性，这会严重降低此类产品的风味质量和缩短货架期。

自然状态下的膳食油脂主要由甘油三酯和少量的脂肪酸衍生物组成。然而，膳食脂肪的功能特性（如氧化稳定性和生物活性）往往是由其脂肪酸成分决定的。尽管目前脂肪酸结构（如不饱和程度）对油脂功能的贡献已被广泛认同，但是对于脂肪酸在甘油骨架上的位置分布（区域异构）对油脂性质的影响存在盲区。目前，对于脂肪酸结构异构性或酰基位置（如 sn-2）如何影响结构脂的氧化稳定性尚无定论。以往的研究主要比较了酯化后结构脂的氧化稳定性，并没有明晰酯化前后对结构脂氧化稳定性的影响，特别是对 sn-2 位含 PUFA 的结构脂在脂质体系中的氧化稳定性缺乏系统研究。因此有必要开展针对含 PUFA 结构脂氧化稳定性的研究，这将有助于添加含 PUFA 强化功能脂的广泛应用，最大限度减少油脂氧化后重要营养物质流失、潜在毒性反应产物（如醛和酮）形成、外观和质地不良变化。

5.2.2　研究内容

为了研究不同 sn-2 长链多不饱和脂肪酸结构脂的氧化稳定性及其氧化影响机

制，研究在精制油体系下不同结构脂在加速氧化条件下初级氧化产物和次级氧化产物的含量变化，并探究了 α-生育酚（α-TOH）单独或联合对含有 DHA 的 sn-2 长链多不饱和脂肪酸结构脂在加速氧化条件下的氧化稳定性的影响。此外，还在商品椰子油中验证了 sn-2 长链多不饱和脂肪酸结构脂对商品油氧化的影响。

5.2.3　研究方法

1. 精制油（SSO）的制备

油脂精制的方法采用 Waraho 等（2009）的方法并做了部分修改：实验用的所有玻璃器皿及样品瓶均在 3 mmol/L HCl 溶液中浸泡过夜，以除去过渡态离子，然后用双蒸馏水反复浸泡 4 h 后进行冲洗，将所有玻璃器皿放置于烘箱中干燥后使用。大豆油需要经过正己烷洗脱后，利用硅酸和活性炭色谱柱分离去除可能干扰油脂氧化稳定性的极性小组分（如生育酚，游离脂肪酸，单、二酰甘油和磷脂等）。首先称取 100 g 硅酸，用 3 L 蒸馏水对硅酸洗涤 3 次后，用漏斗过滤后放置在 110 ℃ 烘箱中干燥 20 h 备用。准确称取 22.5 g 硅酸和 5.625 g 活性炭，分别加入 100 mL 和 70 mL 的正己烷。在内径为 3.0 cm、长度为 35 cm 的色谱柱中依次装入硅酸、活性炭和硅酸，色谱柱外用铝箔纸包裹以避免光照对油脂的氧化。将 500 g 大豆油溶解在 500 mL 正己烷后缓慢倒入色谱柱中，用 2000 mL 正己烷对油脂进行洗脱。为了在纯化过程中延缓油脂氧化，用一个铝箔覆盖并用冰块包裹的容器收集纯化后的油脂以最大程度减少氧化。洗净后，用真空旋转蒸发器在 37 ℃ 下除去正己烷。氮气冲洗去除残留微量溶剂。然后将 300 g 分离出的油分别转移到若干个 3 mL 的小瓶中，用氮气保护，并保持在 −80 ℃，以备后续实验使用。

2. 两步酶解反应制备长链 MLM 结构脂

称取 0.9 g 藻油和适量无水乙醇加入至 50 mL 具塞锥形瓶中，加入 0.4 g 的固定化脂肪酶（4%～16%，底物质量分数），在转速为 200 r/min、30～55 ℃ 反应条件下磁力搅拌 4～16 h。将反应混合物离心后过滤除去脂肪酶。取一定量离心样品，加入 30 mL 正己烷和 10 mL 0.8 mol/L 的 KOH 醇溶液（30% 乙醇），剧烈振荡 2 min 后静置 5 min。下层醇-水溶液中加入 15 mL 正己烷进行二次提取，剧烈振荡 2 min 后静置分层。形成两层后收集富含 2D-MAG 的乙醇相，以相同体积的正己烷洗涤两次。合并两次萃取所得上清液，在 40 ℃ 水浴温度下旋转蒸发去除有机溶剂，所得样品称量后置于 −20 ℃ 冰箱保存用于后续分析。另外收集固定化酶，用无水乙醇/正己烷（1∶1，体积比）洗涤 3 次后，对回收的固定化酶进行真空处理，去除有机溶剂称重后计算合成率。采用溶剂萃取法对 2D-MAG 进行纯化。将 1 g 无溶剂产物溶解于 15 mL 正己烷中，然后加入 10 mL 85% 乙醇水溶液，将混合溶液转移到分离漏斗中静置分层。形成两层后，去除含有酯类和未反应甘油三酯残基上层，保留含 2D-MAG 的萃取层。将下层有机相在 40 ℃水浴条件下旋转蒸发挥干其他有机相，然后将样品加入至乙醇/正己烷(90∶10，体积比)溶液中以 3500 r/min 的速度离心 5 min，吸取上层 2D-MAG 的己烷相，置于−18 ℃冰箱中用于后续的定性定量分析及酯化反应。

3. 长链 MLM 结构脂的纯化

采用 María 等（2010）的方法对 MLM 结构脂进行纯化：离心去除脂肪酶后，用无水硫酸钠干燥有机相，并通过真空蒸发除去过量的溶剂。使用柱色谱法纯化反应混合物，将 10 g 硅胶和 10 g 氧化铝加入到 50 mL 正己烷中制成浆料，然后倒入 300 mm×30 mm 色谱柱中。将含有 MAG、DAGs、TAGs 的反应混合物装载到层析柱上，然后用正己烷/乙醚（95∶5，体积比）溶液进行洗脱。回收洗脱后的分级组分用 TLC 和 HPLC 对洗脱后的组分进行分析，根据分析结果收集纯化后的 1,3C-2D-TAG 结构脂，将其保存在−20 ℃以备后续分析和表征。

4. 长链 MLM 结构脂 sn-2 位脂肪酸组成及含量

用 2 mL 0.5 mol/L NaOH-CH$_3$OH 与 3 g 样品在 60 ℃下皂化 30 min，并在 60 ℃下与 14%三氟化硼反应 5 min。反应完成后，用约 2 mL 己烷萃取脂肪酸甲酯，然后计算所得的单甘酯 sn-2 位上脂肪酸组成的物质的量分数。气相色谱条件同 2.3.3 节。

5. 样品储存方式及氧化环境条件

将制备好的 2D-MAG、DAG、TAG 和 α-生育酚抗氧化剂分别按不同比例添加至精制油中，在旋涡振荡器上充分混合以达到样品均匀分布的效果。随后将每组样品分别称取 3 g 加入至 3 mL 玻璃小瓶中，置于（50±1）℃的烘箱中避光氧化 20 天。同时制备无添加物的样品对照组。间隔相同氧化时间采用不放回式取样方式测定初级氧化产物（过氧化氢值）和次级氧化产物（丙醛）。

6. 初级氧化产物测定方法

将样品 B 瓶避光放置在 45 ℃保温箱中存放 15 天，每天定期取出用于测定氧化诱导期及氧化指数期，并采用 Wang 等的方法测定样品初级氧化产物：将 1.5 mL 异辛醇：2-丙醇混合溶液（3∶1，体积比）加入至 0.3 mL 的样品中，在旋涡振荡器中均匀混合。将样品以 4000 r/min 的速度离心 5 min，随后取 0.2 mL 上层有机相加入 2.8 mL 的甲醇：1-丁醇的混合溶液（2∶1，体积比），再加入 15 μL 3.94 mol/L 硫氰酸铵和 15μL 亚铁溶液（由 0.132 mol/L BaCl$_2$ 和 0.144 mol/L FeSO$_4$·7H$_2$O 混合得到）后在暗处反应 20 min，随后吸取适量样品用分光光度计在波长 510 nm 处测定吸光值。

7. 次级氧化产物测定方法

将 1 mL 样品加入至 10 mL 玻璃瓶中并旋紧瓶铝盖。在气相色谱的自动取样器加热槽中以 45 ℃的温度加热 15 min 后进行测量。用 30 μmol/L 二乙烯基苯/碳分子筛/聚二甲基硅氧烷固相微萃取（SPME）纤维针注入挥发物吸收瓶中 2 min，然后转移至进样器端口（250 ℃），持续 3 min。气相色谱进样口为分流模式（分流比 1∶5）。在 Supleco 30 m×0.32 mm Equity DB-1 层析柱上，采用 1 μm 膜厚度条件下，分离挥发物质。载气为氦气，炉温设置为 45 ℃并保持 5 min，然后以 15.0 ℃/min 的速度从 45 ℃升温至 250 ℃并保持 1 min。FID 设置为 250 ℃。用已知浓度丙醛制备标准曲线，依据峰面积测定样品释放丙醛浓度。

8. Otitest 测定复配结构脂椰子油氧化稳定性

精确称取若干份 10 g 的椰子油样品，分别在样品中按比例添加制备的 MAG、TAG 和三辛酸甘油酯，依次将其放置于 Otitest 仪器的反应容器中。加热至 110 ℃后，将样品放入反应皿中，并进行密封。当 Otitest 开始测定时，反应容器中将充入高纯氧气，当容器中压力达到设定的 6 bar（1 bar=10^5 Pa）后，仪器开始自动记录反应容器内压力的变化。油脂在不同的氧化阶段中会消耗不等量的氧气，Otitest 依据监测的氧气压力变化，通过阿伦尼乌斯方程，利用诱导时间倒数与温度倒数关系最终拟合成油脂氧化曲线。

5.2.4　研究结果

1. 油脂的精制纯化

目前，市售的商品级植物油的主要成分是甘油酯，包括甘油一酯、甘油二酯和甘油三酯，这三种成分含量约占商品植物油质量的 95%，剩余的 5%主要由不皂化化合物（如碳氢化合物、生育酚、生育三烯醇）、植物甾醇、叶绿素、类胡萝卜素、类黄酮、游离脂肪酸、极性多酚、碳水化合物和微量金属离子组成，这些成分主要来自于植物种子油籽膜的组分、压榨工艺或储存过程中的水解作用。尽管数量较少，但这些成分中的大多数组分都对油脂的物理及化学特性有较大的影响，它们或具有抗氧化作用（如酚类），或具有促氧化作用（如游离脂肪酸、金属离子和叶绿素），对油基质的化学稳定性具有举足轻重的作用。

为了剔除油脂中不皂化物对样品氧化实验结果的影响，本研究对商品植物油进行了精制纯化（即去除不皂化物）处理。经过纯化后的油脂氢过氧化物和丙醛含量分别为（2.22±0.32）mmol/kg 和（9.83±0.74）μmol/kg（表 5-3），显著低于商品状态下的油脂（$P<0.05$）。有研究表明用纯化油脂制备的油脂或水包油乳液稳定性显著低于非纯化油体系，天然油脂中含有的不皂化物对油脂氧化的稳定性影响较大。因此本研究采用的纯化油脂中不皂化物的含量较低，极性小分子物质对油脂储藏期的氧化干扰作用也随之减小，这保证了本研究中不同结构脂对精制油氧化的影响结果更为真实和科学。

表 5-3　纯化前后油脂样品氢过氧化物及丙醛含量

油脂类型	氢过氧化物（mmol/kg）	丙醛（μmol/kg）
纯化前	16.06±2.43	51.31±3.81
纯化后	2.22±0.32	9.83±0.74

2. 不同种类结构脂对 SSO 氧化产物影响

植物油中甘油二酯的比例占整个油脂组成的 0.8%～5.8%。为了确定甘油一酯、甘油二酯对 SSO 氧化稳定性的影响，本实验采用复配 2% 的 2D-MAG、sn-1,3-辛酸-DAG（1,3C-DAG）、1,3C-2D-TAG、sn-1,2,3-辛酸-TAG（1,2,3C-TAG）来研究精制油的氧化过程，并以氢过氧化物和丙醛作为监测指标研究加速氧化条件（50 ℃）下不同结构脂对精制油氧化进程的影响。

氢过氧化物是脂肪酸与氧的主要初始氧化产物，通常采用过氧化值（POV）来评价油脂脂肪酸的氧化状态。图 5-2（a）显示，在 50 ℃ 条件下储藏 2 天后 1,3C-2D-TAG 实验组与 SSO 空白组 POV 较其他实验组有明显增加（$P<0.05$），两组分别在第 7 天达到 289.65 mmol/kg 和 258.5 mmol/kg。与空白组 SSO 不同，2D-MAG 和 1,3C-DAG 组 POV 在第 3 天后才开始显著增加（$P<0.05$），表明 2D-MAG 和 1,3C-DAG 能在一定程度上延长 SSO 油脂的氧化诱导期。有研究也报道了脂肪酸组成相似的 DAG 油和 TAG 油的氧化稳定性实验中，DAG 油在 50 ℃ 下的自氧化反应慢于 TAG 油，氧化诱导期也比 TAG 更长。DAG 和 MAG 是天然油脂中主要的微量组分，DAG 甘油碳链上含有一个游离羟基，而 MAG 有两个游离羟基，DAG 和 MAG 在分子结构上的游离羟基的差异可能是导致 DAG、MAG 与 TAG 在氧化稳定性上存在差异的原因。对比 2D-MAG 和 1,3C-DAG 氧化过程不难发现，1,3C-DAG 氧化产生的氢过氧化物比 2D-MAG 高，推测是由于 1,3C-DAG 的酰基位上含有 2 个中碳链饱和脂肪酸，碳链及暴露基团被自由基攻击的频率更高。Laszlo 等认为 1,3-DAG 的酰基迁移速度比 2D-MAG 慢，因为 DAG 中存在两个脂肪酸基团，环中间体变形较大，从而提高了过渡态能垒。1,2,3C-TAG 酰基位上连接的都是中链饱和脂肪酸，因此 1,2,3C-TAG 的 POV 在储藏 5 天后才

开始缓慢升高，最终达到 58.28 mmol/kg（7 天）。这表明油脂氧化不仅与甘油碳链上连接的酰基数量有关，酰基脂肪酸的种类也对油脂氧化的程度和速度产生较大影响。

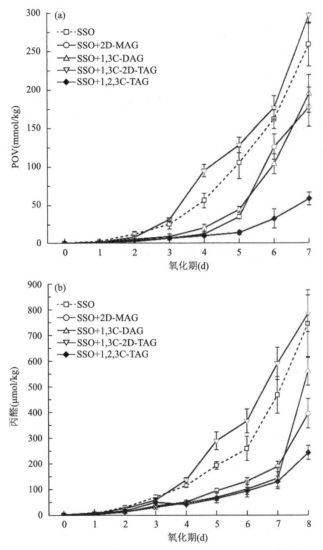

图 5-2　不同结构脂对精制油 POV（a）及丙醛（b）含量的影响

当油脂氧化过程中积累大量氢过氧化物后，脂肪酸的结构完全被破坏，进而开始形成醛、酮、酸、醇等次级氧化产物，其中丙醛的含量变化被视为是评价油脂次级氧化产物中最重要的指标之一。在 50 ℃条件下保存 3 天后，1,3C-2D-TAG 的丙醛含量显著增加（$P<0.05$），且增加速度显著高于其余各组。未添加任何物

质的 SSO 对照组丙醛含量在第 4 天为 124.38 μmol/kg，尽管与前一天相比出现了明显上升，但与 1,3C-2D-TAG 相比 SSO 空白组的丙醛含量均较低。SSO 组第 7 天丙醛含量较前一天增加了 79.6%，表明 SSO 空白组在第 6 天进入了氧化指数期，积累了较高含量的次级氧化产物。在所有实验组中 1,2,3C-TAG 组的氧化过程比较缓慢，储藏至第 8 天时其丙醛含量仅为 241.55 μmol/kg。2D-MAG 和 1,3C-DAG 的丙醛含量在第 7 天起显著增加（$P<0.05$），这表明 2D-MAG 和 1,3C-DAG 氧化诱导期比 1,3C-2D-TAG 和 SSO 空白组推迟了 3～4 天。

3. 不同浓度 2D-MAG 对 SSO 氧化产物影响

SSO 对照组的 POV 在储藏期第 2 天时开始缓慢增加，直至增加至第 7 天的最高值 258.5 mmol/kg[图 5-3（a）]。与 SSO 相近似，1% 2D-MAG 对精制油 POV 的影响不显著。但是，较高浓度（2%）2D-MAG 的 POV 含量低于 SSO 空白组，最高浓度（5%）的 MAG 则显著推迟了油脂氧化进程（$P<0.05$），并将 POV 形成的滞后期延长至 5 天。这表明添加较高含量（2 wt %～5 wt %）的 2D-MAG 可在一定程度上延长油脂的氧化诱导期。Chen 等（2010）的研究也证实，分别添加不同浓度的油酸单甘酯 MAG（0.5 %、1.5%和 2.5%）至精制大豆油后均能不同程度抑制 SSO 过氧化氢物的生成。本研究结果表明，添加较高浓度的 2D-MAG 能够明显延缓 SSO 的氧化。尽管如此，2D-MAG 也不能作为大宗油料的抗氧化剂和促氧化剂，因为天然油脂中 2D-MAG 的含量较低（<1%），其抗氧化能力无法在含量较低的水平下发挥作用。

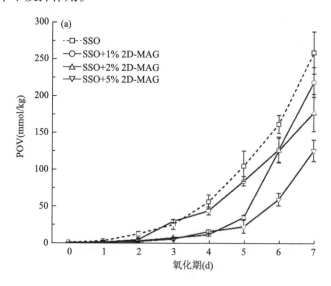

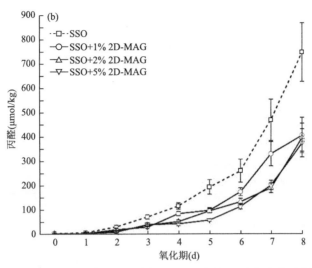

图 5-3　不同浓度 MAG 结构脂对精制油 POV（a）及丙醛（b）含量的影响

由图 5-3（b）可知，各组第 3 天的丙醛水平均高于第 2 天（$P<0.05$）。其中，SSO 空白组在第 3 天的丙醛含量（72.62 μmol/kg）显著高于其余各组，随储藏期的延长，SSO 空白组生成了大量丙醛，直至第 8 天达到最高值 747.12 μmol/kg。研究证实了不同 2D-MAG 添加量对 SSO 丙醛生成量均有一定抑制作用，其中 5% 2D-MAG 对丙醛生成量的减少最显著（$P<0.05$），该添加比例下油脂生成的丙醛在第 8 天时最低（374.9 μmol/kg）。有研究表明浓度为 0.05%～2.5% 的 MAG 对非 SSO 油脂中氢过氧化物及丙醛的生成量均无影响，但在 SSO 中添加 MAG 时氢过氧化物和丙醛的生成量有减少的趋势。这说明有抗氧化剂（如酚类）存在的情况下，MAG 并不是影响氧化过程的主要因素，原因在于天然油脂中 MAG 的含量较少，其促氧化或抑制氧化的能力无法完全体现。因此可以推断 2D-MAG 的抗氧化能力在无微量极性物质的 SSO 体系中作用较为明显的原因可能是其自身更容易氧化从而保护了 SSO 免于氧化。

4. 不同浓度 1,3C-DAG 对 SSO 氧化产物影响

甘油二酯是多种食用油中的天然成分，大多数情况下含量在 5% 以下。由于甘油有三个位置可接入酰基，因此甘油二酯通常以 sn-1,3 类型居多。添加低浓度 1,3C-DAG（1%）组 SSO 油脂氢过氧化物含量在第 4 天起开始显著增加［图 5-4（a）］，随后与无添加 1,3C-DAG 组变化趋于近似（$P>0.05$）。较高浓度 1,3C-DAG（2%）组 POV 在第 5 天才开始显著增加，第 7 天达到 194.33 mmol/kg。有研究表明低剂量的甘油二酯能够降低油脂的表面张力，增加氧在油脂中的扩散，但高剂量的甘油二酯反而聚集在油脂的界面形成屏障进而阻拦氧进一步溶解。Koh 等也发现通过大豆油制备的纯 1,3C-DAG 油具有比纯大豆油更好的氧化稳定性,1,3C-DAG 油有 22 天的氧化诱导期,而大豆油仅有 11 天的氧化诱导期。基于此,本研究认为少量添加 1,3C-DAG 可能无法改变 SSO 的氧化途径且不会改变 SSO 的诱导期,但浓度较高的 1,3C-DAG 则会明显抑制 POV 的形成。

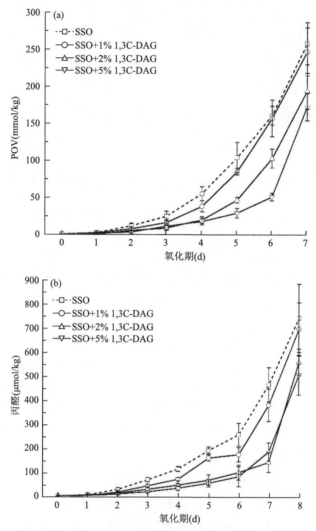

图 5-4　不同浓度 1,3C-DAG 结构脂对精制油 POV(a)及丙醛(b)含量的影响

由图 5-4(b)可见,随着 1,3C-DAG 浓度的增加,其在 SSO 油体系中抑制丙醛的效果也比较明显。添加 1% 的 1,3C-DAG 氢过氧化物含量在第 7 天开始显著增加($P<0.05$),但更高浓度的 1,3C-DAG 在第 8 天才开始大幅升高。Chen 等(2004)的研究表明甘油二酯(0.01%~2.5%)对水包油乳剂中脂质氧化的抑制作用明显

强于单甘酯，其在油脂中抑制产生丙醛生成的能力也较强。甘油二酯具有较好的乳化性且交联聚集的特性比较突出，推测其具有抗氧化能力的原因可能是甘油二酯可以相互交联从而形成一个物理屏障，进而减少不饱和脂肪酸与氧气之间的相互作用或接触面。

5. 不同浓度 1,3C-2D-TAG 对 SSO 氧化产物影响

在没有抗氧化剂保护的情况下，较高的环境温度仍然可以加速内源性过氧化物的分解从而引发 SSO 的脂质氧化。添加了 1% 的 1,3C-2D-TAG 储藏至第 3 天时 POV 开始升高，随着储藏时间的延长，添加 1% 的 1,3C-2D-TAG 实验组 POV 变化量基本与 SSO 空白组一致（$P>0.05$），反映出低剂量 1,3C-2D-TAG 不会影响 SSO 的氧化进程。高浓度 1,3C-2D-TAG（5%）POV 含量从第 3 天起显著高于 SSO 对照组及低浓度 1,3C-2D-TAG（$P<0.05$），这表明制备的 1,3C-2D-TAG 在浓度较高时 SSO 油脂氧化稳定性较低。CLA 在甘油三酯位置分布影响结构脂氧化稳定性的实验表明，CLA 在 *sn-2* 位的分布不利于结构脂的稳定性。一般认为，大分子脂肪酸的断裂途径主要有两种：一种是先发生脱羧和脱羰再发生 C—C 键断裂产生烃类自由基或正碳离子；另一种是先在烃类部分断裂再发生脱羧和脱羰产生短链分子，这两种途径相互竞争。DHA 分布在 *sn-2* 位的结构特点使得 1,3C-2D-TAG 具有较强的极性，DHA 在结构脂中暴露机会增加可能会使 1,3C-2D-TAG 结构脂氧化更容易从 DHA 的烃类发生断键后再发生脱羧和脱羰基反应。

油脂氧化开始后，氧化反应即变为自催化过程，生成的烷基和羟基自由基持续不断地攻击不饱和脂肪酸直至氧化它们。由图 5-5(b) 可知，添加 5% 的 1,3C-2D-TAG 其丙醛含量在第 4 天开始快速增加，直至第 8 天达到最大值 864.02 μmol/kg。与 SSO 空白组相比，添加低浓度 1,3C-2D-TAG 也能在一定程度上提高丙醛生成量，这表明本研究制备的 1,3C-2D-TAG 在氧化稳定性方面较差。Nielsen 等（2005）的研究也证实 MLM 型结构脂抗氧化能力较低，推测其产生的原因在于结构脂制备过程中酯交换反应增加会降低原料油脂抗氧化能力，此外样品中游离脂肪酸氧化速度高于其酯化物也是其氧化稳定性下降的原因之一。基于此，有必要添加合适的抗氧化剂对新型结构脂加以保护。

6. 不同浓度 1,2,3C-TAG 对 SSO 氧化产物影响

由图 5-6（a）可知，不同 1,2,3C-TAG 添加量对 SSO 油脂氧化抑制的效果有较大差异。尽管低浓度（1%）1,2,3C-TAG 组 POV 含量在第 3 天开始增加，但氧化过程中除第 5 天与 SSO 空白组的 POV 含量有显著差异外，整个储藏过程中对 SSO 油脂变化的影响较小（$P>0.05$）。随着 1,2,3C-TAG 添加量的升高，油脂中

POV 的含量在第 5 天才开始缓慢升高且持续至第 7 天（43.6 mmol/kg），表明高浓度 1,2,3C-TAG 能够对 SSO 油脂体系起到延迟氧化的效果，本研究认为这与 1,2,3C-TAG 油脂的中链辛酸的饱和程度较高有关。

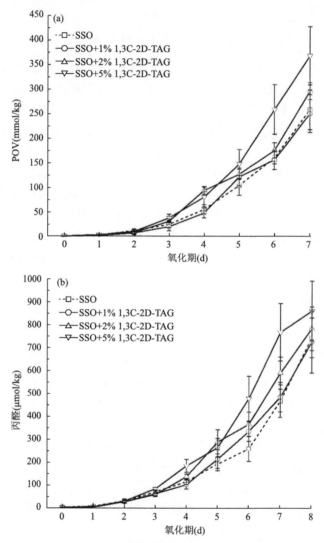

图 5-5　不同浓度 1,3C-2D-TAG 结构脂对精制油 POV（a）及丙醛（b）含量的影响

与 POV 结果类似，不同浓度 1,2,3C-TAG 对 SSO 体系氧化过程中丙醛含量的影响也与 1,2,3C-TAG 的添加量有对应关系。随着 1,2,3C-TAG 添加量的升高 SSO 油脂丙醛的增加量显著放缓。有学者发现甘油三酯上连接有高不饱和度脂肪酸的油脂其氧化降解速率最快。与结构脂 1,3C-2D-TAG 相比，同等浓度 TAG 对 SSO

油脂体系氧化的效果有较大差异。当甘油三酯 sn-2 酰基位上连接了 DHA 时其甘油三酯体系中的氧化稳定性降低，这表明 sn-2 位酰基脂肪酸的种类对油脂氧化的程度和速度产生了较大影响。甘油三酯的氧化速率顺序可能是由分子内自由基转移反应比分子间自由基转移反应发生快造成的，分子内结构越稳定的甘油三酯，其氧化稳定性越高。

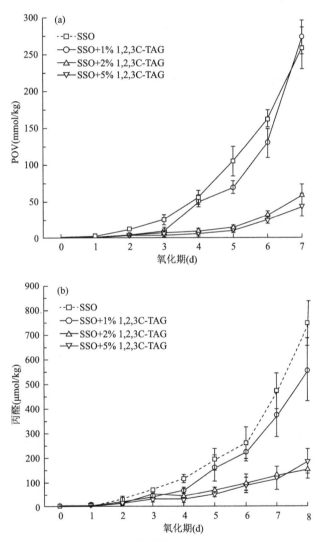

图 5-6　不同浓度 1,2,3C-TAG 结构脂对精制油 POV （a）及丙醛（b）含量的影响

7. 2D-MAG 对添加生育酚精制油氧化产物影响

纯化后的 SSO 氧化迟滞期较短，第 4 天的过氧化氢值显著增加至 55.8 mmol/kg

（$P<0.05$），当 SSO 中加入 2D-MAG 后，油脂氧化迟滞期明显延迟（2 天），这表明 2D-MAG 在一定程度上抑制了 SSO 油脂的氧化[图 5-7（a）]。在 SSO 油脂中加入 0.2% α-生育酚后 SSO 油脂氧化被明显抑制（$P<0.05$），当 α-生育酚被消耗殆尽后 SSO 油脂在第 12 天开始被氧化，并很快在第 14 天达到 134.64 mmol/kg。不仅如此，对照组 SSO 在储藏第 4 天开始氧化，丙醛含量急速上升，说明氢过氧化物在 SSO 储藏过程中已经进一步降解为次级挥发性氧化产物[图 5-7（b）]。添加生育酚后 SSO 氧化抑制现象明显，表明生育酚不仅能够抑制 SSO 过氧化氢升高，同时也抑制了丙醛含量增加。

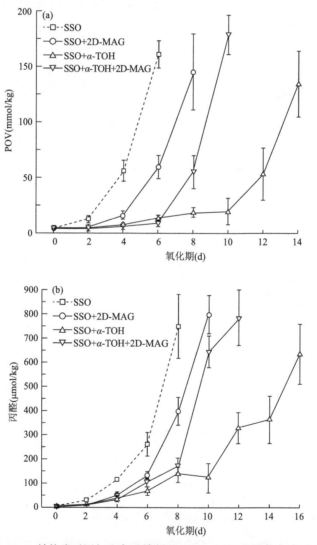

图 5-7　2D-MAG 结构脂对添加生育酚精制油 POV（a）及丙醛（b）含量的影响

不难看出，在含有相同含量 α-生育酚的 SSO 油脂中加入 2D-MAG 后，油脂的氧化诱导期比未添加 2D-MAG 的 SSO+α-TOH 组缩短了 4 天，这表明添加 2D-MAG 会促进 SSO 氧化进程。然而，在纯 SSO 体系中加入一定浓度（2%）2D-MAG 又能够起到一定的抑制氧化作用。有学者在 SSO 和 MCT（25∶75，质量比）构成的体系中加入 10 μmol/L α-生育酚时油脂氧化滞后期为 11 天，当加入 MAG 后该体系的滞后期缩减至 7 天，结果也验证了 MAG 在散装油中具有降低 α-生育酚抗氧化的能力。由于 2D-MAG 在有/无抗氧化剂的 SSO 体系中促/抗氧化效果有明显不同，因此 2D-MAG 与生育酚没有对 SSO 油脂氧化产生抑制协同增效作用。相反，2D-MAG 的添加反而抑制了生育酚对 SSO 油脂氧化的抑制作用。Lee 等（2016）的研究表明添加槲皮素或芦丁在纯化油中起抗氧化作用，在非纯化油中却起促氧化作用。据此推测 2D-MAG 在 SSO 中主要以氧化自身来抑制氧化，当这种抑制氧化随着 2D-MAG 的消耗殆尽并产生了大量过氧化氢物后，2D-MAG 开始发挥其在 SSO 中的促氧化作用。

8. 1,3C-2D-TAG 对添加生育酚精制油氧化产物影响

由图 5-8（a）可知，1,3C-2D-TAG 在未添加抗氧化剂的 SSO 体系中氧化诱导期仅有 2 天，随后在第 6 天时 POV 达到 279.33 mmol/kg，显著高于第 6 天未添加 1,3C-2D-TAG 的 POV 值（161.29 mmol/kg，$P<0.05$），这表明 1,3C-2D-TAG 能够加速氧化并降低 SSO 的稳定性。有研究证实，无论用何种酶催化制备的结构脂质其氧化稳定性都比原料油低，这与改性后结构脂质与原甘油三酯含量比例改变有关，甚至脂肪酸的顺式或反式、共轭和非共轭体系都会影响氧化过程。由于 1,3C-2D-TAG 在 *sn*-2 酰基位上连接了具有高度不饱和脂肪酸 DHA，因此添加抗氧化剂能够有效抑制 1,3C-2D-TAG 的氧化过程，但抑制作用十分有限。

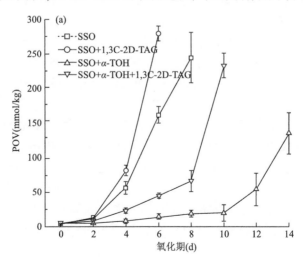

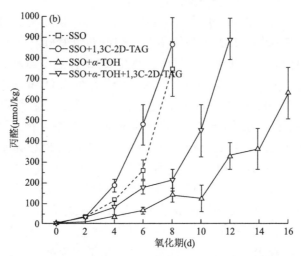

图 5-8　1,3C-2D-TAG 结构脂对添加生育酚精制油 POV（a）及丙醛（b）含量的影响

丙醛类化合物是由氢过氧化物的分解和反应产生的，由于 1,3C-2D-TAG 的 sn-2 位置上连接的是 DHA（n-3 脂肪酸），因此丙醛的含量能够准确反映次级氧化产物的状况。由图 5-8（b）可知添加 1,3C-2D-TAG 后，在第 4 天开始产生较高的丙醛，随后丙醛增加量快速上升。1,3C-2D-TAG 在添加有抗氧化剂的 SSO 中氧化诱导期较短（4 天），但丙醛含量在 8 天后快速增加，与未添加 1,3C-2D-TAG 的抗氧化剂 SSO 体系相比，1,3C-2D-TAG 的加入能够积累更多的丙醛，这表明 1,3C-2D-TAG 的加入降低了抗氧化剂对 SSO 体系的氧化作用。

9. 1,2,3C-TAG 对添加生育酚精制油氧化产物影响

为了进一步对比 sn-2 酰基位置及其位置上连接的脂肪酸对结构脂氧化的重要意义，本研究对 1,2,3C-TAG 的氧化稳定性进行了对比试验。图 5-9（a）显示添加 5% 的 1,2,3C-TAG 将 SSO 体系的氧化迟滞期推迟至第 4 天，随后第 8 天 POV 显著增加至 103.21 mmol/kg，显著低于空白对照组（$P < 0.05$）。相比 1,2,3C-TAG 对 SSO 氧化过程的影响，1,3C-2D-TAG sn-2 位的 DHA 能够诱导结构脂的氧化，进而对 SSO 氧化起到促进作用。在添加 0.2% 抗氧化剂的 SSO 体系中 1,2,3C-TAG 对氧化抑制的作用不明显，这与未添加 1,2,3C-TAG 的对照组相比无显著差异。

添加 5% 1,2,3C-TAG 对 SSO 体系丙醛含量有显著影响作用。图 5-9（b）显示在第 8 天储藏期时 1,2,3C-TAG 组 SSO 丙醛含量为 245.45 μmol/kg，显著低于空白对照组丙醛含量（747.12 μmol/kg）。由于 1,2,3C-TAG 甘油碳链上连接的均为饱和中链脂肪酸，因此丙醛的生成主要是 SSO 体系中长链单不饱和脂肪酸的氧化产物。综合 1,2,3C-TAG 对添加抗氧化剂的 SSO 体系 POV 及丙醛含量影响结果，本研究认为 1,2,3C-TAG 对纯 SSO 体系的氧化有显著的抑制作用，但这种抑制作用在抗

氧化剂存在时，抑制效果不显著。Mitra 等研究了抗氧化剂（儿茶素、二丁基羟基甲苯和迷迭香）对大豆油和紫苏油结构脂氧化稳定性的影响，发现使用儿茶素时结构脂氧化稳定性最高。尽管添加抗氧化剂可提高结构脂质的抗氧化稳定性，但不同抗氧化剂对不同结构脂质抗氧化效果是否存在差异还有待进一步研究。

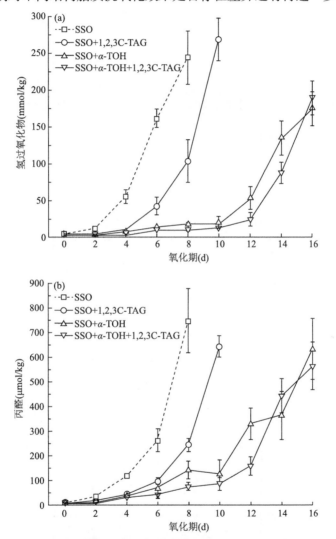

图 5-9　1,2,3C-TAG 结构脂对添加生育酚精制油 POV（a）及丙醛（b）含量的影响

10. 加速氧化期不同 SSO 体系中结构脂 DHA 含量变化

为了揭示结构脂 *sn*-2 位 DHA 含量与结构脂 SSO 油脂氧化之间的联系，本研究对油脂氧化过程中 2D-MAG、1,3C-2D-TAG 中 *sn*-2 位 DHA 含量变化进行了对比，结果见表 5-4。纯化后的大豆油中无论是游离脂肪酸还是甘油三酯 *sn*-2 位均

表 5-4 结构脂中 *sn-2* 位 DHA 含量变化（50℃）

油脂	0 d 总 DHA	0 d sn-2	1 d 总 DHA	1 d sn-2	2 d 总 DHA	2 d sn-2	3 d 总 DHA	3 d sn-2	4 d 总 DHA	4 d sn-2	5 d 总 DHA	5 d sn-2
SSO	未发现	未发现	未发现	未发现	未发现	未发现	未发现	未发现	未发现	未发现	未发现	未发现
SSO+2D-MAG	10.16±1.57[a]	8.69±1.82[a]	8.97±1.13[b]	7.42±1.35[a]	6.72±0.52[c]	2.97±0.55[b]	5.25±1.03[c]	2.58±0.93[b]	3.77±0.82[d]	1.37±0.45[c]	0.82±0.35[e]	未发现
SSO+2D-MAG+0.2维生素 E	10.16±1.57[a]	8.69±1.82[a]	8.71±1.48[b]	8.94±1.66[a]	8.01±0.93[b]	6.58±0.81[b]	6.48±1.17[c]	4.62±1.48[c]	5.22±1.53[c]	3.28±1.26[c]	1.63±0.62[d]	0.58±0.37[d]
SSO+1,3C-2D-TAG	9.03±1.44[a]	7.42±0.97[a]	8.37±2.26[a]	5.02±1.35[b]	4.85±1.24[b]	1.37±0.48[c]	2.03±0.85[c]	1.02±0.09[d]	未发现	未发现	未发现	未发现
SSO+1,3C-2D-TAG+0.2维生素 E	9.03±1.44[a]	7.42±0.97[a]	8.69±1.38[b]	5.84±1.12[b]	6.60±2.04[b]	4.43±1.25[b]	4.72±1.50[c]	2.74±0.89[c]	2.85±1.16[d]	1.28±0.75[d]	未发现	未发现
SSO+1,2,3C-TAG	未发现	未发现	未发现	未发现	未发现	未发现	未发现	未发现	未发现	未发现	未发现	未发现

不含有 DHA，这为研究结构脂在 SSO 体系中 DHA 含量变化提供了空白对照的基础条件。添加 20% 2D-MAG 至 SSO 中后油脂体系总 DHA 和结构脂 sn-2 位 DHA 含量分别占脂肪酸含量的 10.16% 和 8.69%，随着氧化的持续进行，SSO 和 2D-MAG 中 sn-2 位的 DHA 开始下降。氧化第 4 天后未检测到 2D-MAG 中 sn-2 位含有 DHA，这表明 sn-2 位 DHA 氧化速度较快。与 2D-MAG 中 sn-2 位 DHA 含量变化相比，SSO 中总 DHA 含量从 10.16%（第 0 天）下降至 5.22%（第 4 天），该结果表明在 0～3 天的氧化过程中 2D-MAG 中 sn-2 位 DHA 含量下降较 SSO 体系中 DHA 更快。可能的原因是 sn-2 单甘酯在氧化过程中发生了转酯反应，部分 sn-2 MAG 生成了 sn-1/sn-3 MAG。有学者认为 sn-2 MAG 由于羟基的位置原因其发生转酯反应的比例更高，不过 MAG 发生酰基迁移的速率受温度、溶剂、酸碱的多重影响，酰基基团的长度、不饱和度和分布方向也会影响 MAGs 在油脂中的平衡和分布。当在体系中加入抗氧化剂后，无论是总 DHA 含量还是 sn-2 位 DHA 含量下降速度均有所减缓。因此，抗氧化剂不仅能够抑制 DHA 在 SSO 体系中被氧化，而且能够抑制结构脂中 sn-2 DHA 向 sn-1/sn-3 DHA 的转酯化反应。

与 2D-MAG 组相比，1,3C-2D-TAG 中 sn-2 位 DHA 含量下降更加明显。氧化至第 4 天时，未检测到 SSO 和 1,3C-2D-TAG 中 sn-2 位含有 DHA，这表明在氧化过程中 1,3C-2D-TAG 中 sn-2 位 DHA 氧化速度显著快于 2D-MAG（$P<0.05$）。在有抗氧化剂存在的条件下，SSO 空白组和 1,3C-2D-TAG 组中 sn-2 位的 DHA 的氧化同样受到来自抗氧化剂的抑制，但该抑制效果明显没有 2D-MAG 组效果好。可能的原因在于 1,3C-2D-TAG 的 3 个酰基位上均连有脂肪酸，sn-2 位 DHA 无法发生转酯化反应，因此抗氧化剂只能对总 DHA 的氧化进行抑制而对 sn-2 位 DHA 的氧化无明显作用。

11. 1,3C-2D-TAG 对天然椰子油氧化稳定性的影响

有研究发现非 SSO 油脂的过渡金属含量显著高于 SSO 油脂，因此在两个体系的油脂中甘油三酯的促/抑氧化作用存在较大差异。研究发现纯椰子油在 110℃、初始氧气压力为 6 bar 的条件下氧化稳定时间能够达到 12.5 h，随后开始缓慢氧化（图 5-10）。加入 5% 1,3C-2D-TAG 结构脂后椰子油样品在 5.8 bar 压力条件下氧化稳定时间缩短至 10.1 h（$P<0.05$），表明添加 1,3C-2D-TAG 后椰子油氧化稳定性降低。当 1,3C-2D-TAG 含量增加至 10% 后，样品在 6.1 bar 压力下氧化稳定时间进一步缩短至 8.0 h，表明添加 1,3C-2D-TAG 至商品椰子油后，其氧化稳定性下降，且随 1,3C-2D-TAG 含量的增加椰子油氧化诱导期持续缩短（$P>0.05$），这也直接佐证了 1,3C-2D-TAG 在 SSO 体系中对油脂氧化稳定性的影响结果。一般认为，结构脂用于食品中其质量应等同于或优于油脂，特别是富含结构脂的食品，应该在氧化和物理稳定性上有益于产品的储藏和销售。本研究证实，在商品食用油中添加结构脂后还需要添加抗氧化剂来抑制结构脂对原食用油体系的氧化诱导作

用。由于不同抗氧化剂种类对油脂的抗氧化效果有差异，且不同抗氧化剂浓度与其抗氧化/促氧化作用有较大关系，因此后续还需要对 1,3C-2D-TAG 在食用油脂中抗氧化剂的选择做进一步研究。

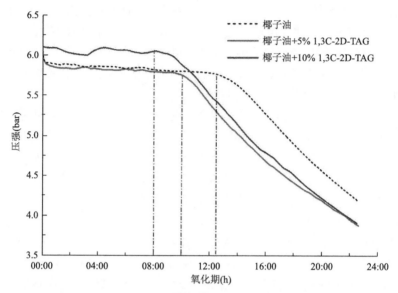

图 5-10　　1,3C-2D-TAG 结构脂对椰子油氧化稳定性的影响

5.2.5　研究结论

为了研究不同 *sn*-2 长链多不饱和脂肪酸结构脂的氧化稳定性及其氧化机制，在精制油体系下研究了不同结构脂对 SSO 油脂过氧化氢值及丙醛含量的影响，并探究了 α-生育酚对含有不同结构脂的 SSO 在加速氧化条件下的氧化稳定性及潜在机制。

（1）在加速氧化条件下（50℃），2D-MAG 和 1,3C-DAG 组 POV 在第 3 天后开始显著增加（$P < 0.05$），2D-MAG 和 1,3C-DAG 氧化诱导期比 1,3C-2D-TAG 和 SSO 空白组推迟了 2~3 天，表明 2D-MAG 和 1,3C-DAG 能在一定程度上延长 SSO 油脂的氧化诱导期。与 2D-MAG 组相比，氧化过程中 1,3C-2D-TAG 中 *sn*-2 位 DHA 氧化速度显著快于 2D-MAG（$P < 0.05$），可能的原因在于 1,3C-2D-TAG 的 3 个酰基位上均连有脂肪酸，*sn*-2 位 DHA 无法发生转酯化反应，最终导致其氧化速度显著高于同样在 *sn*-2 位连接有 DHA 的 2D-MAG。

（2）添加低剂量的 1,3C-2D-TAG 不会影响 SSO 的氧化进程，但是高浓度的 1,3C-2D-TAG（5%）POV 含量从第 3 天起显著高于 SSO 对照组及低浓度 1,3C-2D-TAG 组（$P < 0.05$），这表明当 1,3C-2D-TAG 浓度较高时 SSO 氧化稳定性较差。与 1,2,3C-TAG 相比，当 TAG *sn*-2 酰基位上连接 DHA 时，*sn*-2 位的 DHA 能够诱导结构脂氧化，进而对 SSO 氧化起到促进作用，表明 *sn*-2 位酰基脂肪酸的

种类对油脂氧化的程度和速度产生了较大影响。

（3）1,3C-2D-TAG 在未添加抗氧化剂的 SSO 体系中氧化诱导期较短，说明 1,3C-2D-TAG 能够加速 SSO 氧化并降低其稳定性。1,3C-2D-TAG 在添加有抗氧化剂的 SSO 中氧化诱导期较短（4 天），但丙醛含量在 8 天后快速增加，与未添加 1,3C-2D-TAG 的抗氧化剂 SSO 体系相比，1,3C-2D-TAG 的加入能够积累更多的丙醛，这表明 1,3C-2D-TAG 的加入降低了抗氧化剂对 SSO 体系的氧化作用。

（4）与 2D-MAG 中 *sn*-2 位 DHA 含量变化相比，SSO 中总 DHA 含量从 10.16% 下降至 5.22%，该结果表明在 0～3 天的氧化过程中 2D-MAG 中 *sn*-2 位 DHA 含量下降较 SSO 体系中 DHA 更快。与 2D-MAG 组相比，1,3C-2D-TAG 中 *sn*-2 位 DHA 含量下降更加明显，这表明在氧化过程中 1,3C-2D-TAG 中 *sn*-2 位 DHA 氧化速度显著快于 2D-MAG（$P < 0.05$）。在有抗氧化剂存在的条件下，SSO 空白组和 1,3C-2D-TAG 组中 *sn*-2 位的 DHA 的氧化同样受到来自于抗氧化剂的抑制，因此抗氧化剂只能对总 DHA 的氧化进行抑制而对 *sn*-2 位 DHA 的氧化无明显作用。

（5）在椰子油中添加 TAG 至商品油脂后，5%水平的 TAG 结构脂能够显著将椰子油氧化缩短至 10.1 h，随着氧化的持续，添加 TAG 对椰子油后续的氧化速度无显著影响（$P > 0.05$）。当椰子油中 TAG 的含量增加至 10%后，样品氧化稳定时间进一步缩短至 8.0 h，表明添加 1,3C-2D-TAG 至商品椰子油后，其氧化稳定性下降，且随 1,3C-2D-TAG 含量的增加椰子油氧化诱导期持续缩短（$P > 0.05$），这也直接佐证了 1,3C-2D-TAG 在 SSO 体系中对油脂氧化稳定性的影响结果。本研究认为在商品食用油中添加结构脂后还需要添加抗氧化剂来抑制结构脂对原食用油体系的氧化诱导作用。

5.3　*sn*-2 长链多不饱和脂肪酸单甘酯凝胶氧化稳定性研究

5.3.1　研究背景

n-3 LC-PUFA 在功能性食品中被普遍应用主要得益于此类脂肪酸能够降低患病的风险。因此，将这种功能性的多不饱和脂肪酸嫁接在甘油碳链上，不仅可丰富油脂的种类，也能够定向合成具有特殊功能的结构脂。尽管有关脂肪酸性质及功能的研究较多，但针对 *n*-3 LC-PUFA 单甘酯在食品领域的应用研究较少，特别是 *sn*-2 长链多不饱和脂肪酸单甘酯如何在食品凝胶体系中发挥作用尚不明晰。已有结果表明，油凝胶化并不能有效对抗脂肪氧化作用。当易被氧化的 *n*-3 LC-PUFA 在油凝胶中含量较高时其氧化程度较为明显，因此有必要探索凝胶中 *sn*-2 长链多

不饱和脂肪酸单甘酯的促凝胶作用及其抗氧化过程和机制。基于此，研究水和天然亲水性抗氧化剂对于单甘酯固化的藻油油凝胶氧化稳定性的影响。

5.3.2 研究内容

研究水和天然亲水性抗氧化剂对于单甘酯固化的油凝胶氧化稳定性的影响。

5.3.3 研究方法

1. 不同单甘酯添加比凝胶制备方法

样品 A：将不同添加比例的 2D-MAG（5%、10%、20%，质量分数）分别加入 3 个 100 mL 装有基础藻油的烧杯中，并将烧杯放置于温度恒定在 75 ℃的水浴中。在此温度下，2D-MAG 玻璃化转变温度低于反应温度，此时能够确保 2D-MAG 在藻油中完全溶化。用玻璃棒搅拌溶化后的混合物后将其倒入一次性玻璃管（16 mm×125 mm）中，并在室温下冷却 20 min 后冷藏在 4 ℃条件下保存 24 h，用于后续凝胶物理特性测试。

样品 B：将不同添加比例的 2D-MAG（5%、10%、20 %，质量分数）分别加入 3 个 100 mL 装有基础藻油的烧杯中，并将烧杯放置于 75 ℃的水浴中，分别加入 5wt %去离子水和/或 300 µmol/L 亲水性抗氧化剂［抗坏血酸（AA）、绿茶提取物（GTE）］。用移液枪将 1.0 mL 的混合物液体转移至 10 mL 气相进样瓶中，然后用带有聚四氟乙烯/丁基橡胶的螺纹帽密封。将样品瓶在室温下冷却 20 min 后在 4 ℃条件下保存 24 h，将所有加盖的 GC 小瓶储存在密闭盒中置于 45 ℃保温箱中避光储存。

2. 单甘酯凝胶初级氧化产物测定方法

将样品 B 瓶避光放置在 45 ℃保温箱中存放 15 天，每天定期取出用于测定氧化诱导期及氧化指数期，并采用 Wang 等的方法测定样品初级氧化产物：将 1.5 mL 异辛醇：2-丙醇混合溶液（3∶1，体积比）加入至 0.3 mL 的样品中，在旋涡振荡器中均匀混合。将样品以 4000 r/min 的速度离心 5 min，随后取 0.2 mL 上层有机相加入 2.8 mL 的甲醇：1-丁醇的混合溶液（2∶1，体积比），再加入 15 µL 3.94 mol/L 硫氰酸铵和 15µL 亚铁溶液（由 0.132 mol/L $BaCl_2$ 和 0.144 mol/L $FeSO_4 \cdot 7H_2O$ 混合得到）后在暗处反应 20 min，随后吸取适量样品用分光光度计在波长 510 nm 处测定吸光值。

3. 单甘酯凝胶次级氧化产物测定方法

将 1 mL 样品加入至 10 mL 玻璃瓶中并旋紧瓶盖。在气相色谱的自动取样器加热槽中以 45 ℃的温度加热 15 min 后进行测量。用 30 µmol/L 二乙烯基苯/碳分子筛/聚二甲基硅氧烷固相微萃取（SPME）纤维针注入挥发物吸收瓶中 2 min，然后转移至进样器端口（250 ℃），持续 3 min。气相色谱进样口为分流模式（分流比 1∶5）。在 Supleco 30 m×0.32 mm Equity DB-1 层析柱上，采用 1 μm 膜厚度条件下，分离挥发物质。载气为氦气，炉温设置为 45℃并保持 5 min，然后以 15.0℃/min 的速度从 45℃升温至 250℃并保持 1 min。FID 设置为 250℃。用已知浓度丙醛制备标准曲线，依据峰面积测定样品释放丙醛浓度。

5.3.4　研究结果

1. 不同单甘酯浓度对凝胶氧化产物的影响

为了考察 2D-MAG 对油凝胶氧化稳定性的作用，本研究在加速氧化条件（45℃）下研究了不同 2D-MAG 浓度（5%、10%、20%，质量分数）和含水量（0%、5%，质量分数）对凝胶氧化稳定性的影响，并通过脂质初级氧化产物[脂质氢过氧化物（LH）]和脂质次级氧化产物（丙醛）的变化量进行研究。

如图 5-11（a）所示，在 45℃条件下储藏 2 天后，含量为 5%的 2D-MAG 制备的藻油油凝胶氢过氧化物明显增加（$P<0.05$）。第 3 天后，含量为 10%的 2D-MAG 凝胶氢过氧化物含量显著低于 5%的凝胶体系，20%的 2D-MAG 也显著推迟了凝胶脂质氧化进程，并将初级氧化产物 LH 形成的滞后期延长至 3 天。在不同 2D-MAG 浓度的油凝胶中，丙醛的生成量也遵循类似的趋势，随着 2D-MAG 浓度的增加，凝胶氧化的滞后期也有所延长[图 5-11（b）]。该结果表明添加 2D-MAG（>10%）会在一定程度上延长油凝胶的氧化滞后期。Co 等的研究也证实在鳕鱼油油凝胶氧化稳定性实验中，单甘酯可有效抑制丙醛的形成，这与本研究结果近似。由于单甘酯本身不能作为油脂的抗氧化剂和促氧化剂，环境氧和不饱和脂肪酸之间的脂质氧化作用仅仅是扩散限制性反应。因此可以推测油凝胶中较高浓度的 2D-MAG（>10%）抗氧化作用可能是由于形成极强的单甘酯网络，这种动力学屏障抑制了氧原子的非配对电子与保存期间不饱和脂肪酸自由基之间的化学反应。

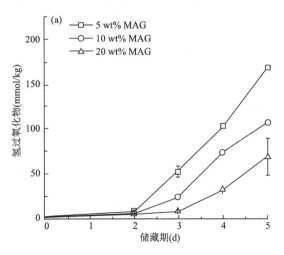

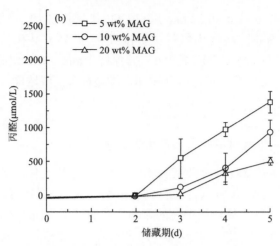

图 5-11　不同单甘酯对油凝胶脂质氢过氧化物（a）及丙醛（b）含量的影响

2. 含水量与单甘酯浓度对凝胶氧化产物的影响

在有水存在的凝胶体系中，尽管随 2D-MAG 的添加量增加 LH 的生成量呈现降低趋势，但所有凝胶样品的 LH 形成滞后期仅为 2 天，这表明滞后期与水分的存在有一点关联［图 5-12（a）］。同样，丙醛的生成量与 LH 的变化也有一定的相似性。以上结果表明当凝胶中添加 5%水时，较高浓度 2D-MAG 对油凝胶氧化的保护作用被明显抑制（$P<0.05$）。在较低的 2D-MAG 浓度水平上（5%、10%）可以观察到油水的析出和相分离现象。在较高 2D-MAG 浓度（20%）凝胶体系中，凝胶体系更趋近于固体样体系。因此，即使在有水存在的环境中，高浓度 2D-MAG 依然能够形成较强的油凝胶网络从而抑制凝胶氧化。

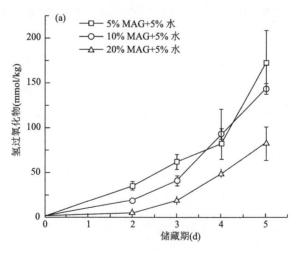

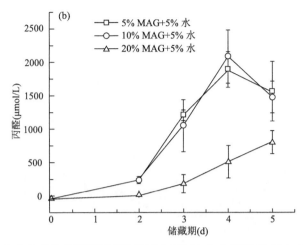

图 5-12　含水量对单甘酯油凝胶脂质氢过氧化物（a）及丙醛（b）含量的影响

3. 抗氧化剂对不同单甘酯含量凝胶氧化产物的影响

虽然较高浓度的 2D-MAG 能够减缓油凝胶体系的脂质氧化作用，但这种抑制能力仍然有限，仅能将氧化滞后期从 2 天延长至 3 天。有研究发现亲水性天然抗氧化剂可以有效抑制藻油和油包水乳液的脂质氧化作用。本研究进一步考察了绿茶提取物（GTE）和抗坏血酸（AA）这两种亲水性抗氧化剂对 2D-MAG 油凝胶抗氧化能力的影响，并在 45℃条件下评估凝胶初级氧化产物（LH）和次级氧化产物（丙醛）的含量变化（图 5-13）。

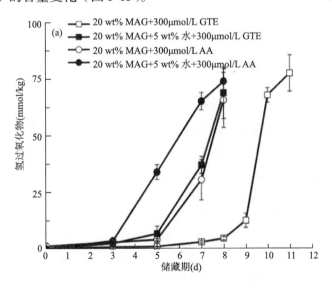

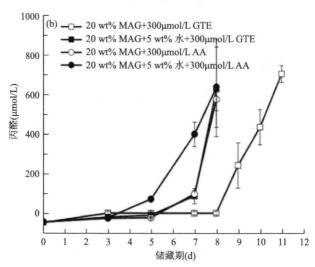

图 5-13　亲水性抗氧化剂对不同单甘酯和含水量油凝胶氢过氧化物（a）及丙醛（b）的影响

由图 5-13 可知，加入亲水性抗氧化剂可有效延迟油凝胶的氧化进程，但是亲水性抗氧化剂 AA 和 GTE 对凝胶的抗氧化效果并不完全一致。含有 300 μmol/L AA 的油凝胶在无水的情况下 LH 和丙醛形成的滞后期为 5 天，比无添加抗氧化剂的对照组滞后期增加了 3 天。当油凝胶加入相同浓度的 GTE 时，LH 和丙醛生成期滞后了 8 天，这说明 GTE 对凝胶抗氧化效果要优于 AA。添加 5%水至凝胶中会显著降低两种亲水性抗氧化剂对油凝胶的抗氧化效果，加入 300 μmol/L AA 后凝胶释放 LH 和丙醛的滞后期延长了 3 天，而相同浓度的 GTE 则延长了 5 天。尚不清楚在抑制油凝胶氧化能力方面 GTE 优于 AA 的主要原因，潜在的原因或许是 AA 和 GTE 在油凝胶体系中处于不同的界面位置从而影响其抗氧化活性，相关的解释仍需进一步的研究来阐明。

4. 不同单甘酯含量对凝胶抗氧化稳定性影响的作用机制

基于藻油油凝胶的物理特性表征分析和氧化稳定性结果，本研究推测了 2D-MAG 对油凝胶网络结构形成以及抗氧化作用机制（图 5-14）。添加低浓度（5%）的 2D-MAG 能够形成强度较弱、单甘酯结晶度较大的油凝胶网络。提高 2D-MAG 浓度至 10%或 20%时，凝胶网络由较小的 2D-MAG 晶体和藻油所构成，此时藻油能够很好悬浮在该网络中，且外部形成的物理网状屏障可防止氧分子攻击，从而使凝胶具有较好的氧化稳定性。添加抗氧化剂后可进一步形成热力学屏障，以猝灭凝胶在储藏期间产生的自由基。物理学屏障和热力学屏障是有效阻止食物体系发生脂质氧化作用的屏障原因。当含水量为 5%时，仅能够形成一定强度的物理学屏障和凝胶网络，但凝胶网络结构较松散和脆弱，通过 DSC、形态学和黏弹性表征手段发现，由 2D-MAG 构成的凝胶形成了二级结构。由于单甘酯具有表面活性，因此有水存在可使 2D-MAG 分子亲水性头部基团在含水区中对齐，然后被 2D-MAG 包围形成薄片层。在较低的 2D-MAG 浓度水平上（5%、10%），凝胶网络结构不稳定，游离藻油无法有效被捕获在凝胶网络中，导致藻油析出并出现两相分离现象。当 2D-MAG 的浓度较高时（20%），薄片层可被过量的 2D-MAG 包围和支撑形成可以隔绝氧气进入的致密网络。此外，亲水性抗氧化剂 AA 和 GTE 在水相中比在藻油中的抗氧化作用更好，原因在于水的存在溶解了亲水性抗氧化剂从而部分削弱了其抗氧化能力。

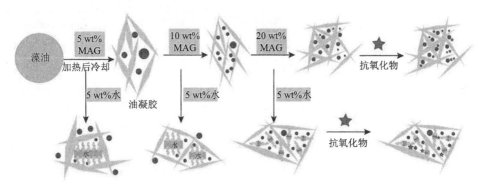

图 5-14　不同单甘酯和含水量对单甘酯凝胶体系抗氧化作用的机制

5.3.5　研究结论

单甘酯作为类脂化合物，其同质多晶性质与促凝胶作用往往与脂肪酸种类及位置密切相关。当长链多不饱和脂肪酸在油凝胶中大量存在时，有必要了解凝胶中 *sn*-2 多不饱和脂肪酸单甘酯的促凝胶效果、抗氧化作用及机制。研究水和天然亲水性抗氧化剂对 2D-MAG 藻油油凝胶氧化稳定性的影响。

（1）油凝胶体系的脂质氧化作用研究表明，2D-MAG 结晶网络产生的动力学障碍可以防止藻油发生氧化作用。通过动力屏障及热力学屏障，可有效将藻油油凝胶的氧化滞后期推迟，从而使藻油的氧化滞后期有较大延迟。亲水性抗氧化剂 AA 和 GTE 在水相中比在藻油中的抗氧化作用更好，原因在于水的存在溶解了亲水性抗氧化剂从而部分削弱了其抗氧化能力。

（2）初步探索了不同 2D-MAG 和含水量对单甘酯凝胶体系抗氧化作用的机制。添加低浓度（5%）的 2D-MAG 能够形成强度较弱、单甘酯结晶较大的油凝胶网络。提高 2D-MAG 浓度至 10% 或 20% 时，凝胶网络由较小的 2D-MAG 晶体和藻油所构成，此时藻油能够很好悬浮在该网络中，且外部形成的物理网状屏障可防止氧分子攻击，从而使凝胶具有较好的氧化稳定性。

第 6 章 *sn*-2 位长链结构脂的生物学代谢

6.1 *sn*-2 位长链结构脂生物学代谢特点

脂肪酸具有重要的生理功能，因此学术界一直期望将 *n*-3、*n*-6 系列游离不饱和脂肪酸连接在甘油碳链骨架的特定位置上，以增加此类脂肪酸的稳定性并提高其在体内的消化吸收率从而达到营养保健的目的，这已成为近年来脂类研究的热门领域之一。结构脂具有的多种生理功能与其结构之间的关系密不可分，而且氧化等化学变化显著影响着结构脂的理化性质及其在体内生理功能的作用效果。多个研究表明，脂肪酸在甘油骨架上的位置分布是影响脂类物理行为和代谢的主要原因。长链多不饱和脂肪酸是食用油的主要成分，主要提供人体必需的脂肪酸。与中链脂肪酸相比，长链多不饱和脂肪酸代谢缓慢、易于沉积在脂肪组织中，而中链脂肪酸异构化速度快、更容易消化，分解产物主要是游离脂肪酸和甘油。将中链和长链多不饱和脂肪酸进行搭配制备结构脂，则能够使两者扬长避短发挥生理功能。

sn-2 位长链结构脂在体内具有重要的生物活性，包括但不限于调节免疫系统、促进消化、抗炎等作用。相比其他类型的脂质，*sn*-2 位长链结构脂水解产生的 *sn*-2 位的单甘酯（MAG）富含中链脂肪酸，可通过肠壁快速吸收。中长链结构脂是将中链脂肪酸甘油三酯（MCT）与长链脂肪酸甘油酯（LCT）复合转化为中长链脂肪酸甘油三酯（MLCT）的结构脂。其中，在 *sn*-2 位连接长链脂肪酸，*sn*-1,3 位连接中链脂肪酸的甘油三酯（MLM）是应用较多的一种中长链结构脂。其具有MCT 的生理活性，即具有快速分解供能的代谢特性而可被用于饮食、治疗吸收不良综合征。中长链结构脂摄入后可被水解，产生的中链脂肪酸，通过门静脉直接被吸收，而后被运送到肝脏，作为一种能量来源被分解代谢，而不会被肉毒碱转运系统运输进入线粒体。中链脂肪酸在体内的代谢速度与葡萄糖的代谢速度相当，由于它们不容易被重新酯化成甘油三酯，所以只会有少量的中链脂肪酸最终以脂肪的形式储存。同时，中长链结构脂通过将中链脂肪酸甘油三酯的部分中链脂肪酸置换为长链脂肪酸，使其结构中加入人体所需的必需脂肪酸，提高其烟点，可减少油炸等高温使用过程中泡沫的产生，从而扩大其使用范围，形成更好的理化与应用特性。通过脂质改性，在 *sn*-2 位连接多不饱和脂肪酸，*sn*-1,3 位连接中链饱和脂肪酸的甘油三酯可作为能量被代谢，在体内较少沉积，用于输液。相反在

sn-1,3 位连接中链脂肪酸、sn-2 位连接长碳链饱和脂肪酸构成的甘油三酯，在肠道难以吸收，是一种低热能脂肪来源，是减肥食品中理想的组成成分。Kim 等研究了膳食中摄入包含 72%中链脂肪酸和 22% n-3 长链多不饱和脂肪酸对健康人群脂肪代谢的影响，结果表明长链多不饱和脂肪酸位于 sn-2 位，中链脂肪酸位于 sn-1,3 位的结构脂，经胰脂肪酶水解后脂肪酸容易被黏膜细胞吸收并通过肠壁，吸收率显著提高。由此可见，sn-2 多不饱和脂肪酸结构脂对人体营养及脂质代谢具有重要意义。

6.1.1　对促进营养吸收、调节体内消化功能的作用

不同的天然油脂包含基本相同的脂肪酸组成，但脂肪酸分布的位置不同使油脂具有差异化的理化性质和生理功能。在牛奶和猪油中棕榈酸主要位于甘油三酯的 sn-2 位，但是牛油、豆油和可可油中的棕榈酸优先位于 sn-1,3 位。不饱和脂肪酸（油酸、亚油酸等）主要分布在大豆油和可可脂中的 sn-2 位，而在猪油中油酸主要分布在 sn-1,3 位。因此，将天然油脂改性为生理功能理想的结构脂可有效发挥特殊脂肪酸促进营养吸收和体内快速消化的功能。Porsgaard 等的研究结果显示餐后肠道对 sn-1,3 位饱和脂肪酸的吸收率远远低于 sn-2 位不饱和脂肪酸吸收率。这些研究均在一定程度上反映出 sn-2 酰基位连接的脂肪酸对于营养吸收的重要性。

基于结构脂代谢中 sn-2 位脂肪酸吸收率较高的特点，研究人员常采用棕榈酸、亚油酸、亚麻酸来合成 sn-2 多不饱和脂肪酸结构脂。有研究显示 sn-2 位棕榈酸的吸收率比位于 sn-1 或 sn-3 位的要高很多，牛乳脂肪的吸收率明显低于母乳脂肪的吸收率，究其根源就是因为母乳中乳脂含有较多 sn-2 位棕榈酸 TAG。因此，sn-1 和 sn-3 位连接中链脂肪酸、sn-2 位连接长链脂肪酸的 MLM 型是结构脂在改善消化吸收率方面最理想的结构形式。相关研究表明，餐后甘油三酯中 sn-2 的 DHA 仍然能够保持在消化后的乳糜微粒中，而且 DHA 在血浆 TAG 中的吸收速度比 EPA 快，原因就在于 DHA 主要在 sn-2 位上。结构脂构造与吸收率之间的关系主要是由不同结构脂的不同消化吸收机制决定的。通常情况下，脂肪酸只有在消化甘油三酯后以非酯化的游离脂肪酸或 2D-MAG 的形式才能被吸收。因此，不易被吸收的脂肪酸被酯化在 sn-2 位后形成的 2D-MAG 就能够直接被肠细胞用于合成参与乳糜微粒组装的甘油三酯，其吸收率会大大提高。有研究发现菜籽油中 56%的 α-亚麻酸在甘油三酯的 sn-2 位置，经过消化系统作用后，淋巴乳糜中 TAG 的 sn-2 位上仍然有 40%的 α-亚麻酸。Tuomasjukka 等也发现健康成人随机摄入 TAG（sn-2 位置含有 30% C18:0）后，餐后产生乳糜微粒 TAG 的 sn-2 位上仍然有 22%的 C18:0。这表明不是所有的多不饱和脂肪酸在 sn-2 位都能够被很好地吸收，sn-2 酰基位上连接的脂肪酸对 TAG 的吸收率具有一定的选择性。究其原因，可能是当甘油三酯

中 sn-1,3 位含有长链多不饱和脂肪酸时，由于脂肪酸双键靠近羧基时产生的位阻作用，胰脂肪酶的水解活性较低，产生了某种空间位阻，从而存在一定的酯酶抗性。结构脂对消化和餐后血脂的影响见图 6-1。γ-亚麻酸在多种疾病特别是传染性过敏症、皮炎、炎症、高血压和经前期综合征中具有明显的疗效。Senanayake 等使用假单胞菌特异性脂肪酶 PS-30 催化琉璃苣油和月见草油与游离 EPA 和 DHA 反应，在最佳反应条件下，多不饱和脂肪酸（EPA+DHA）在琉璃苣油和月见草油中的掺和率分别为 35.5%和 36%，保留在结构脂质中的 γ-亚麻酸分别为 17.1%和7.6%。此类结构脂对于关节炎、高血压、免疫和肾功能紊乱的防治具有潜在的预防作用。

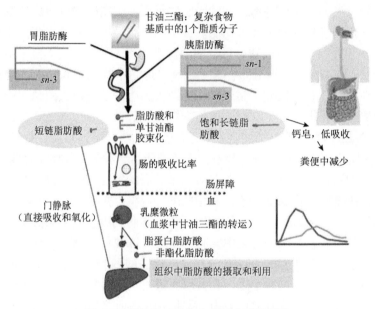

图 6-1　结构脂对消化和餐后血脂的影响

6.1.2　对制备低热量脂肪、控制体重、抑制肥胖的作用

摄入饱和脂肪酸会增加低密度脂蛋白（LDL）胆固醇，从而增加心血管疾病的风险。因此，用单不饱和脂肪酸（MUFA）和多不饱和脂肪酸（PUFA）等营养上重要的脂肪酸取代饱和脂肪酸能够降低患心血管疾病的风险。越来越多的研究表明，sn-2 位含有长链多不饱和脂肪酸的 MLM 型结构脂不仅在促进吸收方面有着突出的优势，其在控制体重及预防肥胖等方面效果也十分显著。MLM 结构脂 sn-1,3 位释放出来的中链脂肪酸在体内可被迅速代谢，而 sn-2 位长链脂肪酸则直接以 2D-MAG 的形式吸收，这种结构脂既能提高不饱和脂肪酸的吸收率，同时又可作为低热量脂肪的替代品。由于低热量脂肪在体内代谢较快，产生的热值也比

常规脂肪低，并且不会在体内重新酯化合成甘油三酯储存，因此 MLM 型结构脂对于制备低热量脂肪，控制体重并抑制肥胖具有得天独厚的优势。有研究发现饲喂以山茶油为原料制备合成的结构脂给小鼠，可有效减少空腹 NIH 小鼠血浆中的总甘油三酯水平，并且它们餐后肝脏脂肪酸的 *β*-氧化也有所增加，推测中长链甘油三酯可以抑制脂肪组织中脂类合成和促进脂类分解。Moreira 等研究发现 MLM 型结构脂喂养的小鼠体重增加较少、脂肪组织减少、肝脏质量降低，粪便中排泄的脂肪量则显著增加，总胆固醇和 LDL-胆固醇水平下降，而血浆中 HDL-胆固醇水平升高，研究表明，MLM 型结构脂在对抗或预防肥胖方面发挥重要作用。Chen 等也证实，PUFA 在 *sn*-2 位置的结构脂与具有相同 PUFA 组成的物理混合脂具有不同的代谢途径，前者的吸收速度更快。由此可见，经过特殊设计合成的新型结构脂是低热量脂肪和预防肥胖理想的功能性油脂。

Xu 等以 112 名高血脂中国人群为研究对象，设计双盲实验研究 MLCT 对高血脂人群体脂代谢水平的影响，实验组人群每天摄入 25～30 g MLCT 或 TAG，实验周期为 8 周。结果表明，MLCT 组实验人群的体重、体脂率、体重指数、臂围、臀围、腹部与皮下脂肪含量、内脏脂肪含量等指标显著低于 TAG 实验组。此外，MLCT 实验组人群的血清 TAG、总胆固醇含量也显著低于 TAG 组。Kim 等的研究也表明，长期摄入 MLCT 能够显著降低实验动物或实验人群体内的脂肪积累，减少体重增加，改善血脂代谢。此外一些具有脂肪消化不良综合征的患者，早产儿和一些重型疾病患者都长期受益于 MLCT 的使用。

另外，具有多不饱和脂肪酸和中链脂肪酸的 MLCT 是一种比单一 MCT、LCT 及两者的物理混合更为优异的结构脂。2018 年，Lee 等以 C57BL/6J 小鼠为研究对象，摄入酯交换制备的 MLCT（E-MLCT）含量为 7%与 30%的饲料，对照组为与 MLCT 脂肪酸组成相似的棕榈仁油与棕榈油的混合物（B-PKOPO），另一组为市售的 MLCT（C-MLCT），实验周期为 4 个月。结果表明，在所研究的三组中长链油脂中，酯交换制备的 MLCT 相比于 B-PKOPO 组与 C-MLCT 组实验动物体重增加量减少了 30%，体内脂肪含量减少了 37%，肝脏脂质含量也显著低于其他两组实验动物。此外 E-MLCT 组实验动物的血清中瘦素、血糖也显著低于另外两组实验动物，表明 E-MLCT 能够显著抑制实验动物体重增加，减少实验动物肝脏内与体内总脂肪含量，能够显著增加脂质代谢。许多科研工作者也致力于制备含有其他长链脂肪酸的 MLCT，如富含油酸与 DHA 的 MLCT。此外，也有人致力于开发新型的酶制剂，以便更高效、定向地合成 MLCT。

6.1.3　对婴幼儿乳脂吸收及生理代谢的作用

母乳是婴儿营养和能量的主要来源，由于母乳供应有限，能够模拟母乳乳脂组成的结构脂就成为提高婴儿吸收能力的理想目标物之一。婴儿体内的内源性脂肪酶对母乳中摄入的甘油三酯通过脂肪吸收的方式进行消化，即胰脂肪酶对三酰甘油的 sn-1,3 的脂肪酸进行水解，从而使每个甘油三酯分子上水解放出两个未酯化的脂肪酸分子和一个 sn-2 单酰甘油分子，然后进入肠腔内。sn-2 位长链结构脂还具有调节肠道微生物平衡的作用，能够促进有益菌生长，抑制有害菌繁殖，从而保持肠道健康。1，3-二油酸-2-棕榈酸甘油三酯（OPO）结构脂是一种典型的 sn-2 位长链结构脂，通过酶法酯交换生成，作为母乳化结构脂在婴幼儿食品中具有广泛应用。植物油作为传统婴儿配方粉中重要组成，提供婴儿生长的能量，然而传统配方奶粉中添加的油脂中棕榈酸主要分布在 sn-1，3 位上，被脂肪酶水解后生成的游离棕榈酸极易与钙离子形成不溶性的皂钙脂肪酸，不仅造成钙损失，婴儿还会出现大便干燥甚至便秘的情况。事实上，母乳脂肪的基本成分是甘油三酯，棕榈酸含量占 17%～25%，其中高达 70% 的棕榈酸在 sn-2 位上，消化后只有 sn-2 位上的棕榈酸易被肠道吸收而进入血液，进而促进婴儿能量代谢。添加母乳化 OPO 结构脂的婴幼儿配方奶粉，能有效降低皂钙脂肪酸的形成，有利于婴儿对脂肪酸和钙的吸收，从而改善婴儿大便困难、腹痛等症状。

有研究比较了母乳喂养、用含有改性猪油（C16:0 在甘油三酯 sn-2 位置上）配方乳粉喂养、用普通猪油（C16:0 随机分布）喂养对婴儿在脂肪吸收方面的差异，结果显示配方奶粉中 C16:0 脂肪酸在 sn-2 位的甘油三酯其脂肪吸收率最高。此外，可以将两种或多种植物油混合在一起，使得婴儿配方乳粉中 C16:0、C18:1n-9 和 C18:2n-6 的平均含量与母乳中的脂肪酸相同。但是植物油甘油三酯的立体特殊排布使得 C16:0 脂肪酸几乎全部分布在甘油三酯的 sn-1,3 位置上，即形成 C16:0—C18:1n-9—C16:0 的结构脂质，这与乳脂中的甘油三酯结构存在明显差异。Kennedy 等比较了母乳和结构脂配方奶粉（含 50% sn-2 棕榈酸）对婴儿骨基质发育的影响。12 周后接受 sn-2 配方奶粉与母乳喂养的婴儿骨基质发育基本一致，且结构脂配方奶粉喂养的婴儿大便较软，肥皂脂肪酸浓度较低，很好地模拟了母乳的营养效果。这些研究均表明，sn-2 长链不饱和结构脂是模拟母乳脂肪酸组成及提高婴儿消化吸收的良好替代物。母乳中的 sn-2 位主要含有 60% DHA 或 45% AA，而在商用婴儿配方食品中，它们在甘油三酯的三个酰基位置分布几乎相等。由于 DHA 对婴儿的大脑健康和大脑发育具有潜在的健康益处，因此近年来对母乳脂肪替代品研究已逐渐聚焦于 sn-2 位长链多不饱和脂肪酸结构脂（如二十碳四烯酸、EPA 和 DHA），这些多不饱和脂肪酸会在体内被转化成 EPA 从而更利于婴儿体内吸收及转化。

6.1.4　对提高机体免疫、防癌抗癌的作用

由于 n-3 长链多不饱和脂肪酸还具有抗癌活性、降低动脉粥样硬化风险等特

定功能，因此结合这些功能性脂肪酸的结构脂越来越多地被应用于辅助治疗心血管疾病、炎症、癌症、高血压、免疫反应、糖尿病等疾病。Lin 等研究了三酰基甘油乳剂对进行全胃切除术的大鼠中白细胞黏附分子表达和炎症介质产生的影响，结果证实术后第 3 天结构脂组的 IFN-γ 和 IL-4 相对于术后第 1 天显著降低，并且随着术后时间的加长，SLs 组 Th1 细胞因子中 IFN-γ 和 Th2 细胞因子中 IL-4 持续降低，最终增强了机体的抗炎及组织恢复功能。此外，有学者也研究了丁酸甘油酯和亚麻籽油酶促酯交换产生的 *sn*-2 位含丁酸盐结构脂对大鼠肝癌发生的预防作用，结果表明该结构脂能够有效降低主要致癌基因的表达。与三丁酸甘油酯治疗相比，结构脂对肝癌发生早期最常被激活的癌基因表现出更大的抑制作用，这被视为 *sn*-2 位丁酸结构脂肿瘤抑制活性与其预防和抑制主要肝癌发生相关癌基因的活化的能力有关。有学者还对富含 DHA 的甘油二酯对肥胖小鼠肝脏脂质代谢和肝脏脂肪变性相关基因的 mRNA 表达的影响进行研究，并将其与添加甘油三酯、大豆油和藻油的肥胖小鼠进行了比较，结果证实饲喂结构脂质的小鼠的白脂肪组织总质量、血浆甘油三酯浓度和肝胆固醇水平较低。Sengupta 等研究了富含癸酸和 EPA/DHA 的芥末油和对照组 28 天后对雄性白化病大鼠血小板聚集、血液学参数和肝脏的影响，结果表明芥子油中多不饱和脂肪酸结构脂有效改善了高胆固醇大鼠的血液学和组织学条件。这些相关研究均在不同角度证实了 *sn*-2 长链多不饱和脂肪酸结构脂对心血管疾病、癌症及高血压等疾病均有不同程度的辅助治疗疗效。

6.2　*sn*-2 长链结构脂对小鼠餐后血脂及肥胖因子影响

6.2.1　研究背景

肥胖会显著增加患糖尿病、动脉粥样硬化、高脂血症、高血压等疾病的风险，现已成为全球主要的公共健康问题。肥胖的原因主要在于摄入过多的膳食能量，并且体内热量消耗不足从而导致脂肪在体内形成了系统性累积。如何优化膳食中油脂种类及开发低热量脂肪已成为预防及控制肥胖的有效途径。目前，利用结构脂来优化油脂种类以降低患病风险的相关研究已成为近年来的研究热点。利用油脂定向修饰技术，不仅可以将天然油脂中特定的脂肪酸进行修饰从而发挥相应的营养特性，还可以用于预防某些疾病或改善代谢条件，这一领域已成为油脂界和营养界科研工作者的共识。

尽管国内外针对结构脂吸收率及生理功能的研究较多，但这些研究主要侧重于 *sn*-2 单甘酯对消化吸收率的改善效果方面，学术界对有关 *sn*-2 位长链不饱和脂肪酸甘油三酯对体内血脂代谢影响效果等科学问题仍不明确。有学者比较了大鼠肠道对不同脂肪酸组成、不同 TAG 结构的吸收情况，结果显示餐后肠道对 sn-1,3 饱和脂肪酸的吸收率远远低于 sn-2 位的不饱和脂肪酸吸收率。在甘油三酯 sn-1,3 位置上接入中链脂肪酸后甘油三酯由门静脉快速吸收为游离脂肪酸，而 sn-2 位置上接入长链多不饱和脂肪酸后其氧化稳定性会明显提高，并且形成的 2D-MAG 还可以被较好吸收。与长碳链脂肪酸相比，中碳链脂肪酸能够在体内快速供应能量并且不会掺入乳糜微粒，所以大部分中碳链脂肪酸不会储存在脂肪组织中，适量的中碳链脂肪酸还会降低机体对葡萄糖的需求。

通常情况下，脂肪酸只有在消化甘油三酯后以非酯化的游离脂肪酸或 2D-MAG 的形式才能被吸收。将不易被吸收的脂肪酸酯化为 2D-MAG，就能够直接被肠细胞合成乳糜微粒状的甘油三酯，其吸收率则会大幅提高。不仅如此，将生物活性功能更高的 n-3 脂肪酸接入至甘油三酯的 sn-2 位还会有利于功能性脂肪酸对健康发挥更大的作用。因此，在甘油三酯分子中设计必需脂肪酸和中碳链的结构脂能够满足营养和控制能量摄入的双重目的，这对于全面了解和认识结构脂生理作用与其结构特点之间关系的重要性是显而易见的。

6.2.2　研究内容

探究 sn-2 长链多不饱和脂肪酸结构脂对小鼠餐后血脂及肥胖预防效果研究，以期明晰结构脂连接脂肪酸的种类与生理功能之间的内在联系。

6.2.3　研究方法

1. 实验动物（小鼠）饲养与取材

C57BL/6 小鼠（6 周龄左右，雌雄各半），平均体重（25±2）g，具有实验动物合格证号：SCXK（京）2019-0010。保持饲养室环境温度为（24±1）℃，相对湿度（50±5）%，照明时间为 12 h。将 70 只 C57BL/6 小鼠在实验室适应性喂养 7 天后，随机分成 6 组：空白组、对照组、1,2,3C-TAG 模型组（MCT）、1,3C-2D-TAG 低剂量实验组［20 g/（kg·d）］、1,3C-2D-TAG 中剂量实验组［50 g/（kg·d）］、1,3C-2D-TAG 高剂量实验组［100 g/（kg·d）］，适应性喂养 5 天后，按体重均等原则随机分组，每组 2 笼，每笼 5 只小鼠，按照相应饲料配方（表 6-1）采用自由进食饮水方式饲养小鼠 6 周。每天称量小鼠食物摄入量、更换饲料及饮用水，每周称量小鼠体重并更换 2 次笼具垫料，定时清除霉变饲料和粪便，并及时对饲养环境进行消毒与清洁。饲养周期结束后，小鼠禁食 24h，称量并记录体重，腹腔注射 3%水合三氯乙醛进行麻醉处死。摘眼球收集全血，分离血清，冻存待检；之后对小鼠进行解剖分离肝脏、肾脏，睾丸周边及肾周边脂肪，称重后置于甲醛溶

液中进行固定用于后续的病理染色分析。取材完毕后将所有小鼠尸体进行集中无
害化处理。

表 6-1　实验小鼠饲料配方表（%）

饲料组分	空白组	对照组	模型组（MCT）	1,3C-2D-TAG 结构脂实验组		
				低剂量组	中剂量组	高剂量组
混合饲料	88.5	88.5	88.5	88.5	88.5	88.5
猪油	—	10	—	8	5	—
胆固醇	1	1	1	1	1	1
猪胆盐	0.5	0.5	0.5	0.5	0.5	0.5
大豆油	10	—	—	—	—	—
1,2,3C-TAG	—	—	10	—	—	—
1,3C-2D-TAG 结构脂	—	—	—	2	5	10

2. 实验动物（小鼠）评价

对小鼠进行体重及器官指数监测。实验小鼠饲喂期间每周称量 1 次并记录其
体重，饲喂周期结束后最终测量小鼠体重。解剖取其肾脏、肝脏、肾周脂等部位，
用 PBS 溶液洗去浮血，用滤纸吸干后称重，计算器官指数：器官指数（%）= 器
官湿重（g）/小鼠体重（g）×100。

对小鼠进行血清指标检测。将收集到的血液在 4℃下以 4000 r/min 的转速下
离心 15 min，收集上清液后用自动血液分析仪测定各血液样品的谷丙转氨酶
（ALT）、谷草转氨酶（AST）和血尿素氮（BUN）。

对小鼠的甘油三酯（TAG）和总胆固醇（TC）含量的测定。分别取甘油三酯、
总胆固醇试剂盒，在洁净的 96 孔板中标注空白孔、标准孔、样本孔，用 10 μL 的
移液枪吸取蒸馏水注入 96 孔板的前三个孔作为空白孔，每个孔 2.5 μL，在空白孔
后三个孔每孔注入 2.5 μL 校准品作为标准孔，其余为样本孔，样本孔为实验组的
5 组样品，滴加顺序依次为空白组、低浓度组（15%）、中浓度组（30%）和高浓
度组（45%），每组 5 个样品，每个样品滴加 3 个孔做平行试验，每个孔注入样品
2.5 μL，样品滴加完毕后，再用 500 μL 移液枪吸取 250 μL 工作液注入空白孔、标
准孔和样本孔的每一个孔中，充分混匀，置于 37℃烘箱中孵育 10 min，设置波长
为 510 nm，用酶标仪测定其吸光度值。

对小鼠进行高密度脂蛋白胆固醇（HDL-C）和低密度脂蛋白胆固醇（LDL-C）
含量的测定。取高密度脂蛋白胆固醇试剂盒，将洁净的 96 孔板分别标注为空白孔、

标准孔、样本孔，用 10μL 的移液枪吸取蒸馏水注入 96 孔板的前三个孔作为空白孔，每个孔 2.5 μL，在空白孔后三个孔每孔注入 2.5 μL 校准品作为标准孔，其余为样本孔,样本孔为实验组的 5 组样品，滴加顺序依次为空白组、低浓度组（15%）、中浓度组（30%）和高浓度组（45%），每组 5 个样品，每个样品滴加 3 个孔做平行试验，每个孔注入样品 2.5 μL，样品滴加完毕后，再用 250 μL 移液枪吸取 180μL 工作液 R_1 注入空白孔、标准孔和样本孔的每一个孔中，充分混匀，放在 37 ℃烘箱中孵育 5 min，设置波长为 546 nm，用酶标仪测定每个孔的吸光度值 A_1，取出 96 孔板，用 250μL 移液枪吸取 60 μL 工作液 R_2 注入空白孔、标准孔和样本孔的每一个孔中，充分混匀，放在 37 ℃烘箱中孵育 5 min，设置波长为 546 nm，用酶标仪测定每个孔的吸光度值 A_2，再计算血清中高密度脂蛋白胆固醇的含量。

对小鼠肝脏、肾脏、脂肪等组织病理 HE 染色。将小鼠的肝脏、肾脏、脂肪组织清洗后置于 4%多聚甲醛溶液中固定。肝脏器官切取右叶纵断面，约 4～5 mm³；肾脏纵向沿最大剖面切取一半，盛放于装有甲醛的 2 mL 离心管中浸泡 10 min，取出后制作切片，随后进行 HE 染色。脱水：先依次使用不同浓度的乙醇溶液（70%、80%、90%）脱水各 30 min，再放入乙醇溶液（95%、100%）各脱水两次，每次 20 min，逐渐脱去组织块中的水分。蜡透：分别使用二甲苯乙醇溶液（混合比 1：1）和二甲苯石蜡混合溶液（混合比 1：1）各透明 15 min，再放入 55 ℃石蜡溶液中进行蜡透 60 min。包埋：将石蜡模子在酒精灯上稍加热后置于桌面上，倒入少许石蜡，将器官材料切面朝下放入蜡模中，再放上包埋盒，轻轻倒入熔蜡。切片：将已固定好的石蜡块置于切片机上，切取 5～10 μm 厚度的组织切片，在载玻片上展开贴好切片。脱蜡：切片置于 60 ℃水浴锅中融化石蜡，用二甲苯分别浸泡以脱除切片中石蜡 30 min 后，用无水乙醇、80%乙醇分别浸泡 5 min，接着用蒸馏水洗脱 5 min 后染色。染色：将切片置于苏木精溶液中染色 5 min 后，用蒸馏水反复冲洗 5 min，经不同浓度乙醇脱水 10 min 后，放入 0.5%伊红溶液中染色 3 min。水透：分别用 80%乙醇、95%乙醇脱水 3 min，用二甲苯透明 5 min。封片：将透明切片滴加中性树胶，盖上盖玻片封固。经 HE 染色后的切片置于 100 倍倒置荧光显微镜下观察、拍照。

6.2.4　研究结果

1. 结构脂对小鼠体重的影响

肥胖与高脂血症及动脉粥样硬化关系密切，而体重则是大鼠肥胖程度最直观的反映指标。如图 6-2 所示，C57BL/6 小鼠经过 6 周的饲喂后，所有组小鼠体重均高于饲喂前，其中空白组小鼠体重增加 3.1 g，显著高于饲喂前（$P<0.05$）。对照组小鼠体重较饲喂前增加 5.7 g，显著高于饲喂前和饲喂后空白组（$P<0.05$），

这表明本研究的动物造模是成功的。添加 10%的 MCT 模型组小鼠体重较饲养前无明显变化，表明 1,2,3C-TAG 结构脂能够有效预防及控制小鼠肥胖。添加低剂量、中剂量、高剂量的 1,3C-2D-TAG 实验组小鼠体重分别较饲喂前增加11.3%（$P<0.05$）、8.9%（$P<0.05$）和 1.3%（$P<0.05$）。除低剂量组外，中剂量和高剂量 1,3C-2D-TAG 实验组小鼠体重均显著低于对照组，这表明 1,3C-2D-TAG 在一定程度上能够降低 C57BL/6 小鼠体重的增加。有研究也显示添加鱼油、菜籽油、MML 结构脂质对虹鳟鱼生长指标影响较大，结构脂饲喂组虹鳟鱼体重及体脂率显著低于鱼油、菜籽油饲喂组。不同研究结果均显示新型结构脂能够提供动物生长所需的能量，并且具有抑制肥胖的功能。

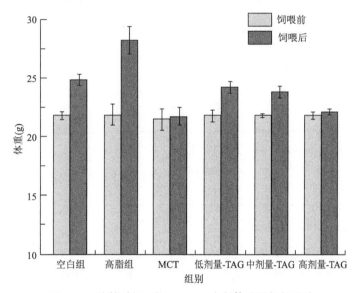

图 6-2　不同饲料组对 C57BL/6 小鼠体重增加的影响

此外，在整个饲喂实验过程中，空白组小鼠精神状态无异常，活泼好动，高剂量实验组小鼠体态稍大，精神相对萎靡，活动量少。1,3C-2D-TAG 实验组小鼠精神状态好，活泼好动且反应敏捷，无死亡现象，这表明 1,3C-2D-TAG 抑制大鼠体重增长并非是通过减少食物摄入导致的。

肝脏和肾脏是小鼠进行脂代谢的重要组织器官，根据肝脏指数变化可以较好地判断肝脏的损伤情况，肝脏指数升高表示肝脏有充血、水肿、增生及肥大等变化，降低则表示脏器萎缩、生长受阻或退行性病变。由表 6-2 可知，空白组肝脏指数（LW/BW）均低于对照组与各实验组，其中对照组为 4.86%，显著高于高剂量、中剂量和低剂量 1,3C-2D-TAG 实验组（$P<0.05$），这表明 1,3C-2D-TAG 能够对小鼠肝脏的增生或肥大有一定抑制作用。高剂量实验组、对照组肾脏指数均低于空白组（$P<0.05$），其中模型组与低剂量组的肾脏指数基本一致（$P>0.05$），表明 1,3C-2D-TAG 对小鼠体重的控制不是通过肾脏代谢完成的，但 MCT 模型组小鼠肾脏指数显著高于空白组及各实验组（$P<0.05$），结合其对小鼠体重控制的影响可以推测，1,2,3C-TAG 主要通过肾脏的代谢来实现对小鼠体重的影响。Nagata 等研究发现 sn-1,3 位置含中链脂肪酸和 sn-2 位含亚油酸的 MLM 结构脂类型是胰腺促进能量供应的首选基质，其中未发现 sn-2 位脂肪酸的种类对促进能量供应有所帮助。但 Druschky 的研究也证实，sn-2 位含有 ω-3 的结构脂促使小鼠平均体重和氮平衡均低于对照组，但同样的位置接入 ω-6 后，其平均体重和氮平衡则无明显下降。由此看来，结构脂质 sn-1,3 位脂肪酸对动物脂代谢的影响较大，sn-2 位脂肪酸的不饱和类型同样对体重变化有一定的影响。

表 6-2　不同饲料组对 C57BL/6 小鼠体重增加的影响

组别	肝脏指数（%）	肾脏指数（%）
空白组	3.92 ± 0.13^{c}	1.04 ± 0.05^{b}
对照组	4.86 ± 0.18^{a}	0.95 ± 0.03^{c}
模型组（MCT）	4.57 ± 0.26^{ab}	1.40 ± 0.05^{a}
低剂量-TAG 实验组	4.24 ± 0.09^{bc}	0.90 ± 0.06^{c}
中剂量-TAG 实验组	4.26 ± 0.12^{bc}	1.02 ± 0.04^{b}
高剂量-TAG 实验组	4.32 ± 0.11^{b}	1.00 ± 0.04^{bc}

2. 结构脂对小鼠脂质代谢的影响

高密度脂蛋白是由脂质和蛋白质及其所携带的调节因子组成的复杂脂蛋白，主要反映抗动脉粥样硬化的能力，是冠心病的保护因子。由图 6-3 可知，饲喂 6 周后空白组 HDL-C 均低于对照组、模型组及实验组，其中高剂量实验组 HDL-C 显著高于模型组和中、低剂量实验组（$P<0.05$），这表明高剂量 1,3C-2D-TAG 对 C57BL/6 小鼠 HDL-C 具有升高作用，且呈现良好的量效关系。与空白组相比，1,2,3C-TAG 也显著提高了 HDL-C 含量（$P<0.05$）。Moreira 等研究发现 MLM 型结构脂喂养的小鼠脂肪组织减少，肝脏质量降低，粪便中排泄的脂肪量增加，血浆中 HDL-C 水平显著升高，而总胆固醇和 LDL-C 水平则明显下降。

与 HDL-C 相比，高剂量实验组和低剂量实验组小鼠 LDL-C 含量均较其他组显著升高（$P<0.05$），高剂量实验组和模型组小鼠 LDL-C 含量与空白组无显著性差别，中剂量实验组 LDL-C 最低，这表明中、高剂量 1,3C-2D-TAG 对小鼠 LDL-C 含量具有一定的控制作用。有学者用 C22:0 结构脂饲喂小鼠，发现食用结构脂的动物组体重增加较小，尽管没有毒性或腹泻的迹象，但观察到动物在粪便中排泄的脂质明显增加，高密度脂蛋白升高，他们认为结构脂在对抗或预防肥胖方面发

挥了重要作用。综合来看，1,3C-2D-TAG 对高脂饲料诱发的高脂小鼠动脉粥样硬化具有一定的改善作用，特别是中剂量组对大鼠血脂的调节效果较好。

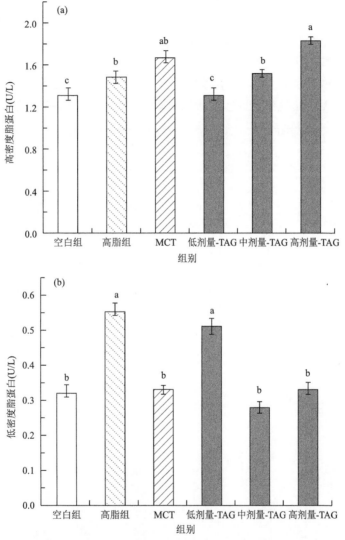

图 6-3　不同饲料组对 C57BL/6 小鼠高密度脂蛋白（a）及低密度脂蛋白（b）含量的影响

3. 结构脂对小鼠总胆固醇和甘油三酯的影响

由图 6-4 可知，与空白组相比，高剂量实验组小鼠甘油三酯（TG）和总胆固醇（TC）显著高于空白组，反映出高脂饲料能够有效提高小鼠血液中 TG 和 TC 含量。与对照组相比，低剂量 1,3C-2D-TAG 组对小鼠 TG 和 TC 有降低作用，但效果不明显（$P > 0.05$）。中剂量实验组和高剂量实验组能够显著降低小鼠 TG 和 TC 含量，这表明 1,3C-2D-TAG 具有抑制小鼠总胆固醇和甘油三酯升高的作用。Nagata 等研究了 MLM 结构脂质对大鼠血清和肝脏脂质的影响，其中饲喂结构脂大鼠的血清胆固醇浓度和血脂浓度显著低于对照大豆油组。值得注意的是，MCT 模型组对小鼠 TG 和 TC 的影响与实验组具有相似性。由于 1,2,3C-TAG 对小鼠的体重增加具有一定的抑制效果，并且有研究也发现富含 sn-1,3 DAG 的饲料可以显著降低动物血浆中总胆固醇、甘油三酯和葡萄糖水平，因此本实验推测从结构脂中 sn-1,3 位酶解得到的中碳链脂肪酸能够在体内快速供应能量，并且不会掺入乳糜微粒，大部分中碳链脂肪酸无法储存在脂肪组织中进而降低小鼠患高脂血症的概率与风险。

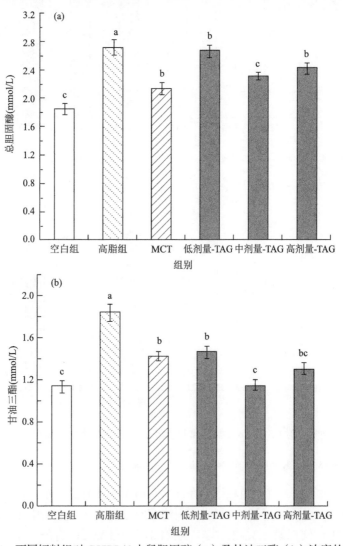

图 6-4　不同饲料组对 C57BL/6 小鼠胆固醇（a）及甘油三酯（b）浓度的影响

4. 结构脂对小鼠血尿素氮的影响

血尿素氮（BUN）是蛋白质代谢的主要终末产物，主要通过肾小球滤过而排出体外，是判断肾功能损伤的参考指标之一。如图 6-5 所示，对照组小鼠 BUN 浓度高于空白组，表明高脂饲料对小鼠肾功能正常发挥有一定的影响。与对照组相比，低剂量 1,3C-2D-TAG 实验组 BUN 无显著变化。中剂量 1,3C-2D-TAG 实验组 BUN（15.1 mmol/L）较对照组有显著下降（$P<0.05$），这表明中剂量的 1,3C-2D-TAG 并不会造成小鼠肾毒性反应。Sengupta 等也研究了富含癸酸和 EPA 的芥末油对雄性白化病大鼠血液学和肝脏转氨酶的影响，结果也证实芥子油 MLM 型结构脂明显降低了高胆固醇大鼠 BUN 浓度，并较好地改善了大鼠谷草转氨酶（AST）及谷丙转氨酶（ALT）水平。

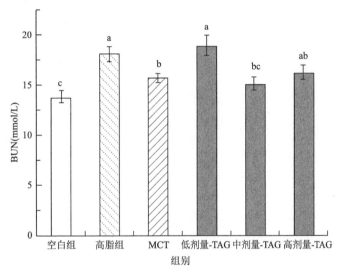

图 6-5　不同饲料组对 C57BL/6 小鼠 BUN 浓度的影响

肝脏为脂类、糖类以及蛋白质代谢的主要器官，谷草转氨酶（AST）及谷丙转氨酶（ALT）是肝功能的代表性指标之一，能够直观反映出肝细胞的损伤程度，越高表明肝脏受损程度越大。图 6-6 显示对照组 AST 和 ALT 均显著高于空白组（$P<0.05$），表明高脂饲料诱导的高脂血症会损伤小鼠肝脏功能并影响脂代谢。与空白组相比，低剂量 1,3C-2D-TAG 实验组 AST 有显著增加，但中剂量和高剂量实验组则无显著变化（$P>0.05$）。与 AST 类似，中剂量和高剂量实验组 ALT 相比空白组也无明显变化（$P>0.05$）。这些结果均表明中剂量和高剂量 1,3C-2D-TAG 并不会造成小鼠肝脏毒性反应。Sengupta 等的研究也证实了一定剂量 MLM 结构脂能够部分改善大鼠血液成分特征从而降低大鼠血液中转氨酶含量。

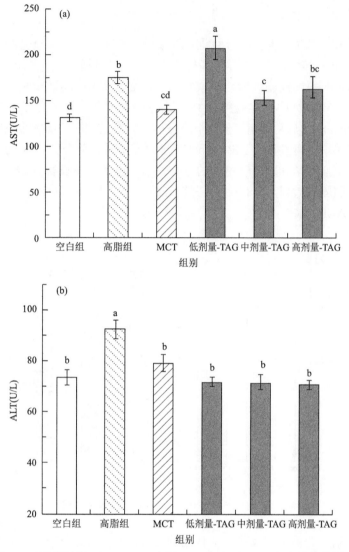

图 6-6　不同饲料组对 C57BL/6 小鼠 AST（a）及 ALT（b）浓度的影响

5. 结构脂对小鼠肝脏、肾脏组织的影响

　　为了进一步研究 1,3C-2D-TAG 对小鼠肝脏及肾脏组织的影响，本研究还对小鼠肝脏及肾脏组织切片进行了观察。图 6-7 显示，空白组的肝脏病理切片中，肝细胞个体完整，界线清晰，细胞饱满且充实，细胞核基本未受到损伤，大小基本一致，且形状呈圆形，呈放射性均匀有序地排列在中心静脉周围。空白组小鼠肝脏细胞核损伤严重，排列紊乱，组织结构疏松，具有较大面积的空泡现象，1,3C-2D-TAG 实验组和 MCT 模型组小鼠肝脏细胞略有肿大，排列相对均匀，组织结构致密，少见或未见空泡现象，细胞形态及结构与空白组较为相似。中链脂肪酸比长链脂肪酸溶解度更高，直接在肝脏中提供能量，而长链脂肪酸主要在肠壁胶束运输后通过淋巴系统被吸收进行代谢。基于此，本研究认为 sn-1,3 位中链脂肪酸的代谢及吸收主要集中在肝脏器官，且中链脂肪酸能够使得能量代谢更快。小鼠肾脏切片显示，模型组小鼠肝细胞界线清晰，肾脏细胞略微扩大，细胞核略微变小，核膜增厚，染色质变深，细胞质内充满大量大小不等的脂肪滴，将细胞核挤向一边，视野内脂肪滴数量较多。1,3C-2D-TAG 实验组肾脏细胞有一部分受到损伤，但损伤程度相对较轻，个别细胞疑似有轻微水肿现象。

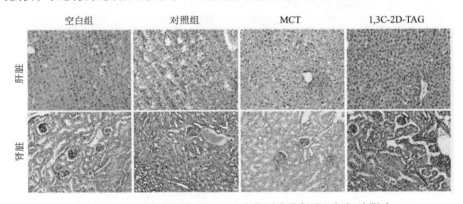

图 6-7　不同饲料组对 C57BL/6 小鼠肝脏及肾脏组织切片影响

对比空白组肝脏和肾脏切片（图 6-8）不难发现，低剂量组肝细胞排列较为紊乱，细胞核大小不一，细胞界限较为明显，存在少量比例的空泡现象。中剂量组肝细胞排列有序，排列比较紧密，细胞间隙比较明显，中心静脉周围的细胞呈规律的顺序排列，细胞呈规律的散发状分布，肝细胞总体形态有所缓解。高剂量组肝细胞形态与空白组小鼠肝细胞形态更为接近，排列相对规整，脂肪滴大小相对

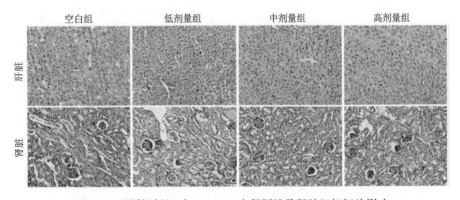

图 6-8　不同饲料组对 C57BL/6 小鼠肝脏及肾脏组织切片影响

较小，数量相对较少，肝细胞界线清晰，肝窦可见。与空白组相比，高剂量 1,3C-2D-TAG 组肝细胞中脂肪滴的大小和数量无明显区别，表明肝细胞中甘油三酯的合成受到控制后减少了在细胞内的聚积。相对低剂量组而言，高剂量 1,3C-2D-TAG 组肾细胞核膜清楚光滑、完整，核仁清晰可见，胞浆染色新鲜均匀，中央静脉及静脉窦状隙没有发现扩张和充血，未见纤维组织增生和炎症细胞浸润，更接近于空白组肾细胞形态，结果证实各剂量 1,3C-2D-TAG 对肝脏和肾脏组织的影响有一定量效关系。

6. 结构脂对小鼠瘦素的影响

瘦素是由脂肪组织分泌的一种激素，其与下丘脑神经细胞上的瘦素受体结合，产生饱食反应等一系列生理效应，限制机体的能量摄入和消耗以调节体重和体脂量。图 6-9 显示高脂模型组瘦素含量为 1.47ng/mL，显著高于空白组和实验组（$P < 0.05$），这表明肥胖在一定程度上导致了激素失衡，进而无法引起小鼠对能量摄入做出限制性选择。尽管低剂量 1,3C-2D-TAG 结构脂组瘦素含量低于对照组，但明显高于中剂量组和高剂量组（$P < 0.05$），这表明 1,3C-2D-TAG 在一定剂量条件下才具有调节激素失衡的作用。瘦素在体内通过调控机体的食欲来实现对体质量的调节及体脂的自稳。有研究表明，肥胖者体内血液循环中存在与瘦素功能拮抗的物质（甘油三酯）或者同时存在瘦素介导的神经信号传导通路异常（瘦素受体转运效率下降），使机体的这种自稳调节系统遭受不同程度的破坏，表现为肥胖者体内瘦素水平往往很高进而产生瘦素抵抗。1,2,3C-TAG 组瘦素含量与空白组、1,3C-2D-TAG 中剂量组、1,3C-2D-TAG 高剂量组无显著性差异，这表明中链脂肪

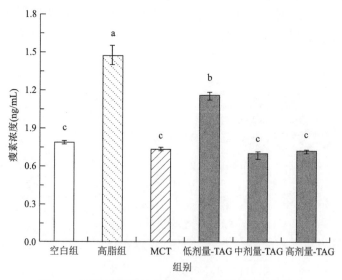

图 6-9　不同饲料组对 C57BL/6 小鼠瘦素浓度的影响

酸能够降低瘦素抵抗，从而对机体调节、控制体脂自稳系统具有一定的积极作用。由此不难发现，中剂量和高剂量 1,3C-2D-TAG 结构脂能够显著降低膳食诱导的大鼠体内的瘦素质量浓度，有效缓解由肥胖引起的瘦素抵抗。

甘油三酯不同位置的脂肪酸差异是导致脂肪酸能够高效利用的重要原因。在此过程中，sn-2 长链多不饱和脂肪酸 MLM 型结构脂 sn-1,3 位的脂肪酸在消化道内会优先被胰脂肪酶水解产生游离脂肪酸及可被高效吸收的 2D-MAG。对于 1,3C-2D-TAG 结构脂而言，sn-1,3 位中链脂肪酸油脂肪酸体积小，溶解度高，由于其亲水性较高不容易重新转脂化为 TAG，且主要通过门静脉（非淋巴系统）运输至肝脏，更容易被消化吸收用于在体内快速供应能量（不与钙或镁离子形成皂化复合物），中碳链脂肪酸无法储存在脂肪组织中进而降低了小鼠患高脂血症的概率与风险。水解后的 2D-MAG 长链脂肪酸则在甘油的保护下避免氧化，在小肠被黏膜细胞吸收并通过肠壁进行较好的吸收。因此将长链不饱和脂肪酸嫁接在 TAG 的 sn-2 位上，不仅可以有效利用中链脂肪酸供能及时的优势，同时又能克服长链多不饱和脂肪酸吸收困难的状况。

6.2.5　研究结论

本章在肥胖动物模型的基础上分别考察了不同剂量 1,3C-2D-TAG 结构脂对 C57BL/6 小鼠体重、脂肪系数、TC、TG、瘦素、谷草转氨酶及谷丙转氨酶等相关指标的影响，并结合结构脂的特点对比了 1,2,3C-TAG 对小鼠肥胖控制效果的差异。研究表明：

（1）添加低剂量、中剂量、高剂量的 1,3C-2D-TAG 实验组小鼠体重分别较饲喂前增加 11.3%、8.9% 和 1.3%（$P < 0.05$）。除低剂量组外，中剂量和高剂量 1,3C-2D-TAG 实验组小鼠体重均显著低于对照组，这表明 1,3C-2D-TAG 在一定程度上能够降低 C57BL/6 小鼠体重的增加。此外，模型组肝脏指数（LW/BW）显著高于高剂量、中剂量和低剂量 1,3C-2D-TAG 实验组（$P < 0.05$），表明 1,3C-2D-TAG 能够对小鼠肝脏的增生或肥大也有一定抑制作用。

（2）饲喂 6 周后空白组 HDL-C 均低于对照组、模型组及各实验组，其中高剂量组 HDL-C 显著高于模型组和中、低剂量组（$P < 0.05$），这表明高剂量 1,3C-2D-TAG 对 C57BL/6 小鼠 HDL-C 具有升高作用，且呈现良好的量效关系。与 HDL-C 相比，模型组和低剂量 1,3C-2D-TAG 组小鼠 LDL-C 含量均较其他组显著升高（$P < 0.05$），高剂量 1,3C-2D-TAG 组和 1,2,3C-TAG 组小鼠 LDL-C 含量与空白组无显著性差别，中剂量 1,3C-2D-TAG 组 LDL-C 最低，1,3C-2D-TAG 对高脂饲料诱发的高脂小鼠动脉粥样硬化具有一定的改善作用，通过降低 LDL-C 水平和升高 HDL-C 水平，纠正失衡的脂质代谢，特别是中剂量组对大鼠血脂的调节效果较好。

（3）与对照组相比，中剂量和高剂量 1,3C-2D-TAG 组能够显著降低小鼠 TG 和 TC 含量，这表明 1,3C-2D-TAG 具有抑制小鼠总胆固醇和甘油三酯升高的作用。低剂量 1,3C-2D-TAG 实验组 BUN 无显著变化。中剂量 1,3C-2D-TAG 实验组 BUN（15.1 mmol/L）较对照组有显著下降（$P < 0.05$），这表明中剂量的 1,3C-2D-TAG 并不会造成小鼠肾毒性反应。由于 1,2,3C-TAG 组与中高剂量 1,3C-2D-TAG 结构脂组对小鼠 TG 和 TC 的影响有相似性，推测 sn-1,3 位置的中链脂肪酸是影响肥胖的主要原因，但 sn-2 位的脂肪酸不影响肥胖的调节。

（4）1,3C-2D-TAG 结构脂和 1,2,3C-TAG 组小鼠肝脏细胞略有肿大，排列相对均匀，组织结构致密，少见或未见空泡现象，细胞形态及结构与空白组较为相似。相对低剂量组而言，高剂量 1,3C-2D-TAG 组肾细胞核膜清楚光滑、完整，核仁清晰可见，胞浆染色新鲜均匀，中央静脉及静脉窦状隙没有发现扩张和充血，更接近于空白组肾细胞形态，结果证实各剂量 1,3C-2D-TAG 对肝脏和肾脏组织的影响存在一定量效关系。

（5）对照组瘦素含量为 1.47ng/mL，显著高于空白组和各实验组（$P < 0.05$），尽管低剂量 1,3C-2D-TAG 结构脂组瘦素含量低于对照组，但明显高于中剂量组和高剂量组（$P < 0.05$），这表明中剂量和高剂量 1,3C-2D-TAG 结构脂能够显著降低膳食诱导的大鼠体内的瘦素质量浓度，有效缓解了由肥胖引起的瘦素抵抗。由此可见，将长链不饱和脂肪酸嫁接在 TAG 的 sn-2 位上，不仅可以有效利用中链脂肪酸供能及时的优势，同时又能克服长链多不饱和脂肪酸吸收困难的状况。

参 考 文 献

操丽丽, 姜绍通, 寿佳菲, 等. 2012. 两步酶法合成 MLM 型结构脂质中醇解反应的研究[J]. 食品科学, 33(20): 65-68

戴逸, 莫红卫, 张岩春, 等. 2018. 婴幼儿配方乳粉中油脂的组成及其微胶囊化研究进展[J]. 中国乳业, 1: 53-56

冯伟, 王雪青, 陈沛, 等. 2019. 普洱茶对膳食诱导肥胖大鼠降低体质量及调节细胞因子的作用[J]. 食品科学, 40(11): 175-181

姜萱, 杨瑶, 徐秀丽, 等. 2022. 酶法合成 sn-2 位富含 DHA 的中长链结构脂[J]. 中国油脂, 47(06): 71-76, 99

姜洋, 李丹, 王彤, 等. 2017. 超临界 CO_2 体系下酶法制备中碳链甘三酯的研究[J]. 中国粮油学报, 32(12): 75-80

姜泽放. 2019. 利用 sn-2 位富含多不饱和脂肪酸的结构脂制备低热量型有机凝胶及其特性研究[D]. 海口: 海南大学

李吉庆, 李文龙, 王冬平, 等. 2003. 不同日龄 Smad3 基因剔除小鼠的脏器重量及脏器指数[J]. 实验动物科学与管理, 1: 13-15

刘楠. 2018. 固定化脂肪酶 PCL 的制备及其催化合成 α-亚麻酸甘油二酯的应用研究[D]. 广州: 华南理工大学

刘天一, 赵月, 王彤, 等. 2017. 二次酶解法制备低能 SLS 型结构脂质工艺研究[J]. 中国食品学报, 17(6): 75-83

陆继源. 2017. 酶法酯交换合成中长碳链结构甘三酯[D]. 无锡: 江南大学

罗利华, 程怡, 聂华, 等. 2014. 响应面法优化脂肪酶催化合成胆固醇癸二酸单烯酯的工艺研究[J]. 中国药学杂志, 49(16): 1426-1431

覃小丽. 2013. 人乳脂替代品的制备及质量评价的研究[D]. 广州: 华南理工大学

寿佳菲, 潘丽军, 操丽丽, 等. 2012. 酶催化菜籽油酸解制备结构脂质工艺[J]. 食品科学, 33(10): 29-32

孙博宏. 2013. 猪脂肪液化工艺及其流变学特性研究[D]. 武汉: 华中农业大学

汪秀妹. 2017. 脂肪酶 MAS1 的固定化及其催化合成 PUFA 型功能性脂质的研究[D]. 广州: 华南理工大学

王挥, 陈卫军, 宋菲, 等. 2014. 差式扫描量热法甄别椰子油中棕果油掺杂的应用研究[J]. 中国粮油学报, 29(10): 63-66

王瑛瑶, 魏翠平, 栾霞. 2013. MLM 型结构脂质特性及氧化稳定性研究[J]. 中国粮油学报, 28(3): 49-52

杨晓宁, 张辰雨, 王炳蔚, 等. 2015. 瘦素信号与瘦素抵抗机制研究进展[J]. 生理科学进展, 46(5): 327-333

张雅莉, 蔡美琴. 2015. β-棕榈酸(OPO 结构脂肪)对婴幼儿肠道健康的促进作用[J]. 临床儿科杂志, 33(10): 918-920

Abed S M, Wei W, Ali A H, et al. 2018. Synthesis of structured lipids enriched with medium-chain fatty acids via solvent-free acidolysis of microbial oil catalyzed by *Rhizomucor miehei* lipase[J]. LWT-Food Science and Technology, 93: 306-315

Abed S M, Zou X, Ali A H, et al. 2017. Synthesis of 1, 3-dioleoyl-2-arachidonoylglycerol-rich structured lipids by lipase-catalyzed acidolysis of microbial oil from *Mortierella alpina*[J]. Bioresource Technology, 243: 448-456

Akoh C C, Kim B H. 2006. Structured lipids[M]//Akoh C C, Min D B. Food Lipids: Chemistry, Nutrition, and Biotechnology. 3rd ed. Boca Raton: CRC Press: 841-864

Alamed J, Mcclements D J, Decker E A. 2006. Influence of heat processing and calcium ions on the ability of EDTA to inhibit lipid oxidation in oil-in-water emulsions containing omega-3 fatty acids[J]. Food Chemistry, 95(4): 585-590

Alfutimie A, Curtis R, Tiddy G J T. 2015. The phase behaviour of mixed saturated and unsaturated monoglycerides in water system[J]. Colloids & Surfaces A Physicochemical & Engineering Aspects, 482: 329-337

Álvarez C A, Akoh C C. 2016. Preparation of infant formula fat analog containing capric acid and enriched with DHA and ARA at the *sn*-2 position[J]. Journal of the American Oil Chemists Society, 93(4): 531-542

Álvarez C A, Akoh C. 2016. Enzymatic synthesis of high *sn*-2 DHA and ARA modified oils for the formulation of infant formula fat analogues[J]. Journal of the American Oil Chemists' Society, 93: 383-395

Álvarez, Carlos A, Akoh C C. 2016. Preparation of infant formula fat analog containing capric acid and enriched with DHA and ARA at thesn-2 position[J]. Journal of the American Oil Chemists' Society, 93(4): 531-542

Andersen M L, Skibsted L H. 2002. Detection of early events in lipid oxidation by electron spin resonance spectroscopy[J]. European Journal of Lipid Science & Technology, 104(1): 65-68

Antolovich M, Prenzler P D, Patsalides E, et al. 2008. Methods for testing antioxidant activity[J]. Analyst, 127(1): 183-198

Armand M. 2008. Milk fat digestibility[J]. Sciences des Aliments, 28: 84-98

Asakawa T, Matsushita S. 1978. Colorimetric determination of peroxide value with potassium iodide-silica gel reagent[J]. Journal of the American Oil Chemists Society, 55(8): 619-620

Aslam R, Saeed S A, Ahmed S, et al. 2008. Lipoproteins inhibit platelet aggregation and arachidonic acid metabolism in experimental hypercholesterolaemia[J]. Clin Exp Pharmacol Physiol, 35(5): 656-662

Bansode S R, Rathod V K. 2014. Ultrasound assisted lipase catalysed synthesis of isoamyl butyrate[J]. Process Biochemistry, 49(8): 1297-1303

Bansode S R, Rathod V K. 2017. An investigation of lipase catalysed sonochemical synthesis: a review[J]. Ultrasonics Sonochemistry, 38: 503-529

Baştürk A, Ceylan M, Çavuş M, et al. 2017. Effects of someherbal extracts on oxidative stability of corn oil under accelerated oxidation conditions in comparison with some commonly used antioxidants[J]. LWT-Food Science and Technology, 89: 358-364

Bebarta B, Jhansi M, Kotasthane P, et al. 2013. Medium chain and behenic acid incorporated structuredlipids from sal, mango and kokum fats by lipase acidolysis[J]. Food Chemistry, 136(2): 889-894

Benkaci-Ali F, Akloul R, Boukenouche A, et al. 2013. Chemical composition of the essential oil of nigella sativa seeds extractedby microwave steam distillation[J]. Journal of Essential Oil Bearing Plants, 16(6): 781-794

Berry S E E. 2009. Triacylglycerol structure and interesterification of palmitic and stearic acid-rich fats: an overview and implications for cardiovascular disease[J]. Nutrition Research Reviews, 22(1): 3-17

Bin M D, Danthine S, Patel A R, et al. 2017. Mixed surfactant systems of sucrose esters and lecithin as a synergistic approach for oil structuring[J]. Journal of Colloid Interface Science, 504: 387-396

Binks B P, Rocher A. 2009. Effects of temperature on water-in-oil emulsions stabilised solely by wax microparticles[J]. Journal of Colloid Interface Science, 335(1): 94-104

Biranchi B, Jhansi M, Pranitha K, et al. 2013. Medium chain and behenic acid incorporated structured lipids from salmango and kokum fats by lipase acidolysis[J]. Food Chemistry, 136(2): 889-894

Bispo P, Batista I, Bernardino R J, et al. 2014. Preparation of triacylglycerols rich in omega-3 fatty acids from sardine oil using a *Rhizomucor miehei* lipase: focus in the EPA/DHA ratio[J]. Applied Biochemistry and Biotechnology, 172(4): 1866-1881

Blake A I, Co E D, Marangoni A G. 2014. Structure and physical properties of plant wax crystal networks and their relationship to oil binding capacity[J]. Journal of the American Oil Chemists Society, 91(6): 885-903

Caballero E, Soto C, Olivares A, et al. 2014. Potential use of avocado oil on structured lipids MLM-type production catalysed by commercial immobilised lipases[J]. PloS One, 23, 9(9): 107749

Cañizares-Macías M P, García-Mesa J A, Castro L D. 2004. Determination of the oxidative stability of olive oil, using focused-microwave energy to accelerate the oxidation process[J]. Analytical & Bioanalytical Chemistry, 378(2): 479-483

Carlsen C U, Andersen M L, Skibsted L H. 2001. Oxidative stability of processed pork assay based on ESR-detection of radicals[J]. European Food Research & Technology, 213(3): 170-173

Casas-Godoy L, Marty A, Sandoval G, et al. 2013. Optimization of medium chain length fatty acid incorporation into olive oil catalyzed by immobilized lipid from yarrowia lipolytica[J]. Biochemical Engineering Journal, 77: 20-27

Ćavar S, Kovač F, Maksimović M. 2012. Evaluation of the antioxidant activity of a series of 4-methylcoumarins using different testing methods[J]. Food Chemistry, 133(3): 930-937

Cegla-Nemirovsky Y, Aserin A, Garti N. 2015. Oleogels from glycerol-based lyotropic liquid crystals: phase diagrams and structural characterization[J]. Journal of the American Oil Chemists Society, 92(3): 439-447

Cesa S. 2004. Malondialdehyde contents in infant milk formulas[J]. Journal of Agricultural & Food

Chemistry, 52(7): 2119

Chaiyasit W, Elias R J, Mcclements D J, et al. 2007. Role of physical structures in bulk oils on lipid oxidation[J]. Crit Rev Food Sci Nutr, 47(3): 299-317

Chaiyasit W, Mcclements D J, Weiss J, et al. 2008. Impact of surface-active compounds on physicochemical and oxidative properties of edible oil[J]. Journal of Agricultural and Food Chemistry, 56(2): 550-556

Chen B, Mcclements D J, Decker E A. 2014. Impact of diacylglycerol and monoacylglycerol on the physical and chemical properties of stripped soybean oil[J]. Food Chemistry, 142(3): 365-372

Chen B, Zhang H, Cheong L Z, et al. 2012. Enzymatic production of ABA-type structured lipids containing omega-3 and medium-chain fatty acids: effects of different acyl donors on the acyl migration rate[J]. Food and Bioprocess Technology, 5(2): 541-547

Chen C H, Terentjev E M. 2010. Effects of water on aggregation and stability of monoglycerides in hydrophobic solutions[J]. Langmuir, 26(5): 3095-3105

Chen J, Yan J, Cai G L, et al. 2013. Structured lipid emulsion as nutritional therapy for the elderly patients with severe sepsis[J]. Chinese Medical Journal, 126(12): 2329-2332

Chen M L, Vali S R, Lin J Y, et al. 2004. Synthesis of the structured lipid 1, 3-dioleoyl-2-palmitoylglycerol from palm oil[J]. Journal of the American Oil Chemists' Society, 81(6): 525-532

Chen W, Guo W, Gao F, et al. 2017. Phospholipase A1-catalysed synthesis of docosahexaenoic acid-enriched phosphatidylcholine in reverse micelles system[J]. Applied Biochemistry and Biotechnology, 182(3): 1037-1052

Chen Y H, Luo Y M. 2011. Oxidation stability of biodiesel derived from free fatty acids associated with kinetics of antioxidants[J]. Fuel Processing Technology, 92(7): 1387-1393

Chloe M O, Davidovich-Pinhas M, Wright A J, et al. 2017. Ethylcellulose oleogels for lipophilic bioactive delivery-effect of oleogelation on in vitro bioaccessibility and stability of beta-carotene[J]. Food & Function, 8(4): 1438-1451

Choi B H, Kim B J, Chang S K, et al. 2015. Mussel-derived bioadhesives[M]//Kim S K. Springer Handbook of Marine Biotechnology. Berlin: Springer

Corrêa R C G, Peralta R M, Bracht A, et al. 2017. The emerging use of mycosterols in food industry along with the current trend of extended use of bioactive phytosterols[J]. Trends in Food Science & Technology, 67: 19-35

Costa C M, Osório N M, Canet A, et al. 2017. Production of MLM type structured lipids from grapeseed oil catalyzed by non-commercial lipases[J]. European Journal of Lipid Science and Technology, 120: 170-172

Danowska-Oziewicz M, Karpińska-Tymoszczyk M. 2005. Quality changes in selected frying fats during heating in a model system[J]. Journal of Food Lipids, 12(2): 159-168

Davidovich-Pinhas M, Barbut S, Marangoni A G. 2015. The gelation of oil using ethyl cellulose[J]. Carbohydrate Polymers, 117: 869-878

Deenu A, Naruenartwongsakul S, Kim S M. 2013. Optimization and economic evaluation of ultrasound extraction of lutein from Chlorella vulgaris[J]. Biotechnology and Bioprocess

Engineering, 18(6): 1151-1162

Degen C, Habermann N, Piegholdt S, et al. 2012. Human colon cell culture models of different transformation stages to assess conjugated linoleic acid and conjugated linolenic acid metabolism: challenges and chances[J]. Toxicology In Vitro, 26(6): 985-992

Djamel D. 2015. Chemical profile, antibacterial and antioxidant activity of algerian citrus essential oils and their application in sardina pilchardus[J]. Foods, 4(4): 208-228

Domenichiello A F, Kitson A P, Bazinet R P. 2015. Is docosahexaenoic acid synthesis from α-linolenic acid sufficient to supply the adult brain[J]. Progress in Lipid Research, 59: 54-66

Druschky K, Pscheidl E. 2000. Different effects of chemically defined structured lipids containing ω-3 or ω-6 fatty acids on nitrogen retention and protein metabolism in endotoxemic rats[J]. Nutrition Research, 20(8): 1183-1192

Duan Z Q, Du W, Liu D H. 2010. The solvent influence on the positional selectivity of Novozym 435 during 1, 3-diolein synthesis by esterification[J]. Bioresource Technology, 101(7): 2568-2571

Co E, Marangoni A G. 2013. The formation of a 12-hydroxystearic acid/vegetable oil organogel under shear and thermal fields[J]. Journal of the American Oil Chemists Society, 90(4): 529-544

Eom T K, Kong C S, Byun H G, et al. 2010. Lipase catalytic synthesis of diacylglycerol from tuna oil and its anti-obesity effect in C57BL/6J mice[J]. Process Biochemistry, 45(5): 738-743

Esteban L, María J J, Hita E, et al. 2011. Production of structured triacylglycerols rich in palmitic acid at *sn*-2 position and oleic acid at *sn*-1, 3 positions as human milk fat substitutes by enzymatic acidolysis [J]. Biochemical Engineering Journal, 54(1): 62-69

Esteban L, María M M, Robles A, et al. 2009. Synthesis of 2-monoacylglycerols (2-MAG) by enzymatic alcoholysis of fish oils using different reactor types[J]. Biochemical Engineering, 44(2): 271-279

Farfán M, Villalón M J, Ortíz M E, et al. 2013. The effect of interesterification on the bioavailability of fatty acids in structured lipids[J]. Food Chemistry, 139(1-4): 571-577

Farhoosh R. 2010. Shelf-life prediction of edible fats and oilsusingrancimat[J]. Lipid Technology, 19(10): 232-234

Fasolin L H, Cerqueira M A, Pastrana L M, et al. 2018. Thermodynamic, rheological and structural properties of edible oils structured with lmogs: influence of gelator and oil phase[J]. Food Structure, 16: 50-58

Faustino A R, Osório N M, Tecelão C, et al. 2016. Camelina oil as a source of polyunsaturated fatty acids for the production of human milk fat substitutes catalyzed by a heterologous Rhizopus oryzae lipase[J]. European Journal of Lipid Science and Technology, 118(4): 532-544

Feltes M M C, Pitol L D O, Correia J F G, et al. 2009. Incorporation of medium chain fatty acids into fish oil triglycerides by chemical and enzymatic interesterification[J]. Grasasy Aceites, 60(2): 168-176

Fernandez-Lafuente R. 2010. Lipase from *Thermomyces lanuginosus*: uses and prospects as an industrial biocatalyst[J]. Journal of Molecular Catalysis B Enzymatic, 62(3): 197-212

Fomuso L B, Akoh C C. 2002. Lipase-catalyzed acidolysis of olive oil and caprylic acid in a bench-scale packed bed bioreactor[J]. Food research International, 35(1): 15-21

Frankel E N, Satué-Gracia T, Anne S, et al. 2002. Oxidative stability of fish and algae oils containing long-chain polyunsaturated fatty acids in bulk and in oil-in-water emulsions[J]. Journal of Agricultural and Food Chemistry, 50(7): 2094-2099

Frédéric C, Renou C, Véronique L, et al. 2000. The specific activities of human digestive lipases measured from the *in vivo* and *in vitro* lipolysis of test meals[J]. Gastroenterology, 119(4): 949-960

Gallier S, Acton D, Garg M, et al. 2017. Natural and processed milk and oil body emulsions: bioavailability, bioaccessibility and functionality[J]. Food Structure, 52(13): 13-23

Gao L, Cheng X, Yu X, et al. 2020. Lipase-mediated production of 1-oleoyl-2-palmitoyl-3-linoleoylglycerol by a two-step method[J]. Food Biosci, 36: 100678

Ghosh S, Rousseau D. 2012. Triacylglycerol interfacial crystallization and shear structuring in water-in-oil emulsions[J]. Crystal Growth & Design, 12(10): 4944-4954

Gray D A, Payne G, Mcclements D J, et al. 2010. Oxidative stability of echium plantagineum seed oil bodies[J]. European Journal of Lipid Science and Technology, 112(7): 741-749

Guillén M D, Uriarte P S. 2012. Monitoring by 1H nuclear magnetic resonance of the changes in the composition of virgin linseed oil heated at frying temperature. Comparison with the evolution of other edible oils[J]. Food Control, 28(1): 59-68

Guncheva M, Zhiryakova D, Radchenkova N, et al. 2008. Acidolysis of tripalmitin with oleic acid catalyzed by a newly isolated thermostable lipase[J]. Journal of the American Oil Chemists' Society, 85: 129-132

Guo P, Zheng C, Huang F, et al. 2013. Ultrasonic pretreatment for lipase-catalyzed synthesis of 4-methoxy cinnamoyl glycerol[J]. Journal of Molecular Catalysis B Enzymatic, 93: 73-78

Hamam F, Budge S M. 2010. Structured and specialty lipids in continuous packed column reactors: comparison of production using one and two enzyme beds[J]. Journal of the American Oil Chemists' Society, 87(4): 385-394

Hamam F, Shahidi F. 2005. Structured lipids from high-laurate canola oil and long-chain omega-3 fatty acids[J]. Journal of the American Oil Chemists' Society, 82(10): 731-736

Hamam F, Shahidi F. 2006. Synthesis of structured lipids containing medium-chain and omega-3 fatty acids[J]. Journal of Agricultural and Food Chemistry, 54(12): 4390-4396

Han L, Xu Z, Huang J, et al. 2011. Enzymatically catalyzed synthesis of low-calorie structured lipid in a solvent-free system: optimization by response surface methodology[J]. Journal of Agricultural and Food Chemistry, 59(23): 12635-12642

He Y J, Li J B, Guo Z, et al. 2018. Synthesis of novel medium-long-medium type structured lipids from microalgae oil via two-step enzymatic reactions[J]. Process Biochemistry, 68: 108-116

He Y, Li J, Kodali S, et al. 2017. Liquid lipases for enzymatic concentration of *n*-3 polyunsaturated fatty acids in monoacylglycerols via ethanolysis: catalytic specificity and parameterization[J]. Bioresource Technology, 224: 445-456

He Y, Qiu C, Guo Z, et al. 2017. Production of new human milk fat substitutes by enzymatic acidolysis of microalgae oils from *Nannochloropsis oculata* and *Isochrysis galbana*[J]. Bioresource Technology, 238: 129-138

Heidor R, De Conti A, Ortega J F, et al. 2016. The chemopreventive activity of butyrate-containing structured lipids in experimental rat hepatocarcinogenesis[J]. Molecular Nutrition & Food Research, 60(2): 420-429

Heras A D L, Schoch A, Gibis M, et al. 2003. Comparison of methods for determining malondi-aldehyde in dry sausage by HPLC and the classic TBA test[J]. European Food Research & Technology, 217(2): 180-184

Hicks M, Gebicki J M. 1979. A spectrophotometric method for the determination of lipid hydroperoxides[J]. Analytical Biochemistry, 99(2): 249-253

Hita E, Robles A, Belén C, et al. 2009. Production of structured triacylglycerols by acidolysis catalyzed by lipases immobilized in a packed bed reactor[J]. Biochemical Engineering Journal, 46(3): 257-264

Homma R, Suzuki K, Cui L, et al. 2015. Impact of association colloids on lipid oxidation in triacylglycerols and fatty acid ethyl esters[J]. Journal of Agricultural and Food Chemistry, 63(46): 10161-10169

Hu P, Xu X, Yu L L. 2017. Interesterified trans-free fats rich in sn-2 nervonic acid prepared using Acer truncatum oil, palm stearin and palm kernel oil, and their physicochemical properties[J]. LWT-Food Science and Technology, 76: 156-163

Huang J, Liu Y, Jin Q, et al. 2012. Enzyme-catalyzed synthesis of monoacylglycerols citrate: kinetics and thermodynamics[J]. Journal of the American Oil Chemists' Society, 89(9): 1627-1632

Huiming H, Suhong C, Guiyuan L, et al. 2011. Effect of shenshao hypolipidemic tablet on blood lipid levels and liver fuction of hyperlipidemia mice[J]. Pharmacology and Clinics of Chinese Materia Medica, 27(2): 113-114

Hunter J E. 2001. Studies on effects of dietary fatty acids as related to their position on triglycerides[J]. Lipids, 36(7): 655-668

Huyghebaert A D, Verhaeghe D, De Moor H. 1994. Fat products using chemical and enzymaticinteresterification[M]//Moran D P J, Rajah K K. Fats in Food Products. Boston: Springer, : 319-345

Ikeda I, Sasaki E, Yasunami H, et al. 1995. Digestion and lymphatic transport of eicosapentaenoic and docosahexaenoic acids given in the form of triacylglycerol, free acid and ethyl ester in rats[J]. Biochimica et Biophysica Acta (BBA)-Lipids and Lipid Metabolism, 1259(3): 297-304

Irimescu R, Iwasaki Y, Hou C T. 2002. Study of TAG ethanolysis to 2-MAG by immobilized Candida antarctica lipase and synthesis of symmetrically structured TAG[J]. Journal of the American Oil Chemists' Society, 79(9): 879-883

Jala R C R, Hu P, Yang T, et al. 2012. Lipases as biocatalysts for the synthesis of structured lipids[J]. Lipases and Phospholipases, 961: 403-433

Jensen R G. 1999. Lipids in human milk[J]. Lipids, 34(12): 1243-1271

John C M, Ginsberg H N, Pierre A, et al. 2011. Triglyceride-rich lipoproteins and high-density lipoprotein cholesterol in patients at high risk of cardiovascular disease: evidence and guidance for management[J]. Atherosclerosis Supplements, 12(1): 7-13

Johnson D R, Decker E A. 2015. The role of oxygen in lipid oxidation reactions: a review[J]. Annual

Review of Food Science & Technology, 6(1): 171

José L G. 2007. Stearidonic acid (18: 4*n*-3): metabolism, nutritional importance, medical uses and natural sources[J]. European Journal of Lipid Science and Technology, 109: 1226-1236

Kadhum A A H, Shamma M N. 2017. Edible lipids modification processes: areview[J]. Critical Reviews in Food Technology, 57(1): 48-58

Kadivar S, Clercq D, Danthine S, et al. 2016. Crystallization and polymorphic behavior of enzymatically produced sunflower oil based cocoa butter equivalents[J]. European Journal of Lipid Science and Technology, 118(10): 1521-1538

Kahveci D, Wei W, Xu X, et al. 2015. Enzymatic processing of omega 3 long chain polyunsaturated fatty acid oils[J]. Current Nutrition & Food Science, 11(3): 167-176

Kalua C M, Allen M S, Jr Bedgook D R, et al. 2007. Olive oil volatile compounds, flavour development and quality: a critical review[J]. Food Chemistry, 100: 273-286

Kang S, Kim D, Bo H L, et al. 2011. Antioxidant properties and cytotoxic effects of fractions from glasswort (*Salicornia herbacea*) seed extracts on human intestinal cells[J]. Food Science & Biotechnology, 20(1): 115-122

Karupaiah T, Sundram K. 2007. Effects of stereospecific positioning of fatty acids in triacylglycerol structures in native and randomized fats: a review of their nutritional implications[J]. Nutrition & Metabolism, 4(1): 4-16

Kennedy K, Fewtrell M S, Morley R, et al. 1999. Double-blind, randomized trial of a synthetic triacylglycerol in formula-fed term infants: effects on stool biochemistry, stool characteristics, and bone mineralization[J]. American Journal of Clinical Nutrition, 70(5): 920

Khan M A, Shahidi F. 2000. Oxidative stability of stripped and nonstripped borage and evening primrose oils and their emulsions in water[J]. Journal of the American Oil Chemists' Society, 77(9): 963-969

Khodadadi M, Kermasha S. 2014. Modeling lipase-catalyzed interesterification of flaxseed oil and tricaprylin for the synthesis of structured lipids[J]. Journal of Molecular Catalysis B: Enzymatic, 102: 33-40

Kim B H, Akoh C C. 2015. Recent research trends on the enzymatic synthesis of structured lipids[J]. Journal of Food Science, 80(8): C1713-C1724

Kim B H, Sandock K D, Robertson T P, et al. 2008. Dietary structured lipids and phytosteryl esters: blood lipids and cardiovascular status in spontaneously hypertensive rats[J]. Lipids, 43(1): 55-64

Kim H J, Lee K T, Yong B P, et al. 2010. Dietary docosahexaenoic acid-rich diacylglycerols ameliorate hepatic steatosis and alter hepatic gene expressions in C57BL/6J-Lepob/ob mice[J]. Molecular Nutrition & Food Research, 52(8): 965-973

Kiokias S, Gordon M H. 2003. Antioxidant properties of annatto carotenoids[J]. Food Chemistry, 83(4): 523-529

Koh S P, Arifin N, Tan C P, et al. 2011. Deep frying performance of enzymatically synthesized palm-based medium and long-chain triacylglycerols (MLCT) oil blends[J]. Food & Bioprocess Technology, 4(1): 124-135

Kok W M, Chuah C H, Cheng S F. 2017. Enzymatic synthesis of structured lipids with behenic acid at the *sn*-1, 3 positions of triacylglycerols[J]. Food Science & Biotechnology, 12: 233-240

Korma S A, Zou X, Ali A H, et al. 2018. Preparation of structured lipids enriched with medium- and long-chain triacylglycerols by enzymatic interesterification for infant formula[J]. Food and Bioproducts Processing, 107: 121-130

Laszlo J A, Compton D L, Vermillion K E. 2008. Acyl migration kinetics of vegetable oil 1, 2-diacylglycerols[J]. Journal of the American Oil Chemists Society, 85(4): 307-312

Lee C K, Gim S Y, Kim M J, et al. 2016. Effects of quercetin or rutin on the oxidative stability of stripped or non-stripped soybean oils containing α-tocopherol[J]. European Journal of Lipid Science and Technology, 119(7): 324-329

Lee J H, Son J M, Akoh C C, et al. 2010. Optimized synthesis of 1, 3-dioleoyl-2-palmitoylglycerol-rich triacylglycerol via interesterification catalyzed by a lipase from *Thermomyces lanuginosus* [J]. New Biotechnol, 27(1): 38-45

Lee Y Y, Tang T K, Tan C P, et al. 2015. Entrapment of palm-based medium and long-chain triacylglycerol via maillard reaction products[J]. Food & Bioprocess Technology, 8(7): 1571-1582

Lerin L A, Loss R A, Remonatto D, et al. 2014. A review on lipase-catalyzed reactions in ultrasound-assisted systems[J]. Bioprocess and Biosystems Engineering, 37(12): 2381-2394

Li C, Yoshimoto M, Ogata H, et al. 2005. Effects of ultrasonic intensity and reactor scale on kinetics of enzymatic saccharification of various waste papers in continuously irradiated stirred tanks[J]. Ultrasonics Sonochemistry, 12(5): 373-384

Li D, Qin X, Wang W, et al. 2106. Synthesis of DHA/EPA-rich phosphatidylcholine by immobilized phospholipase A1: effect of water addition and vacuum condition[J]. Bioprocess and Biosystems Engineering, 39(8): 1305-1314

Lien E L, Richard C, Hoffman D R. 2018. DHA and ARA addition to infant formula: current status and future research directions[J]. Prostaglandins Leukot Essent Fatty Acids, 128: 26-40

Lin M T, Yeh S L, Tsou S S, et al. 2009. Effects of parenteral structured lipid emulsion on modulating the inflammatory response in rats undergoing a total gastrectomy[J]. Nutrition, 25(1): 115-121

Lin M T, Yeh S L, Yeh C L, et al. 2006. Parenteral *n*-3 fatty acids modulate inflammatory and immune response in rats undergoing total gastrectomy[J]. Shock, 25(1): 56-60

Lin T J, Chen S W, Chang A C. 2005. Enrichment of *n*-3 PUFA contents on triglycerides of fish oil by lipase-catalyzed trans-esterification under supercritical conditions[J]. Biochemical Engineering Journal, 29(1-2): 27-34

Liu C, Zhang W, Wang Q, et al. 2013. The water-soluble inclusion complex of ilexgenin A with β-cyclodextrin polymer—a novel lipid-lowering drug candidate[J]. Organic & Biomolecular Chemistry, 11(30): 4993-4999

Liu K J, Chang H M, Liu K M. 2007. Enzymatic synthesis of cocoa butter analog through interesterification of lard and tristearin in supercritical carbon dioxide by lipase[J]. Food Chemistry, 100(4): 1303-1311

Liu M, Fu J, Teng Y, et al. 2016. Fast production of diacylglycerol in a solvent free system via lipase

catalyzed esterification using a bubble column reactor[J]. Journal of the American Oil Chemists'
Society, 93(5): 637-648

Liu S, Dong X, Wei F, et al. 2015. Ultrasonic pretreatment in lipase-catalyzed synthesis of structured
lipids with high 1, 3-dioleoyl-2-palmitoylglycerol content[J]. Ultrasonics Sonochemistry, 23(23):
100-108

Lo S-K, Tan C-P, Long K, et al. 2008. Diacylglycerol oil-properties, processes andproducts: a
review[J]. Food and Bioprocess Technology, 1: 223

Lopez-Martínez A, Charó-Alonso M A, Marangoni A G, et al. 2015. Monoglyceride organogels
developed in vegetable oil with and without ethylcellulose[J]. Food Research International, 72:
37-46

Lu J, Jin Q, Wang X, et al. 2017. Preparation of medium and long chain triacylglycerols by
lipase-catalyzed interesterification in a solvent-free system[J]. Process Biochemistry, 54: 89-95

Maduko C O. 2008. Characterizationand oxidative stability of structured lipids: infant milk
fatanalog[J]. Journal of the American Oil Chemists Society, 85(3): 197-204

María J, Jiménez E L, Robles A, et al. 2010. Production of triacylglycerols rich in palmitic acid at
sn-2 position by lipase-catalyzed acidolysis[J]. Biochemical Engineering Journal, 51(3): 172-179

María M M, Esteban L, Robles A, et al. 2008. Synthesis of 2-monoacylglycerols rich in
polyunsaturated fatty acids by ethanolysis of fish oil catalyzed by 1, 3 specific lipases[J]. Process
Biochemistry, 43(10): 1033-1039

María M M, Robles A, Esteban L, et al. 2009. Synthesis of structured lipids by two enzymatic steps:
ethanolysis of fish oils and esterification of 2-monoacylglycerols[J]. Process Biochemistry, 44(7):
723-730

Mariel F, Alfredo A, Alan G, et al. 2015. Comparison of chemical and enzymatic interesterification
of fully hydrogenated soybean oil and walnut oil to produce a fat base with adequate nutritional
and physical characteristics[J]. Food Technology and Biotechnology, 53(3): 361-366

Marina A M. 2009. Chemical properties of virgincoconut oil[J]. Journal of the American Oil
Chemists' Society, 86: 301-307

Marmesat S, Morales A, Velasco J, et al. 2012. Influence of fatty acid composition on chemical
changes in blends of sunflower oils during thermoxidation and frying[J]. Food Chemistry, 135(4):
2333-2339

Maryam K, Selim K. 2014. Modeling lipase-catalyzed interesterification of flaxseed oil and
tricaprylin for the synthesis of structured lipids[J]. Journal of Molecular Catalysis B: Enzymatic,
102(4): 33-40

Meghwal M, Goswami T K. 2014. Effect of grinding methods and packaging materials on fenugreek
and black pepper powder quality and quantity under normal storage conditions[J]. International
Journal of Agricultural & Biological Engineering, 7(4): 106-113

Mezdour S, Desplanques S, Relkin P. 2011. Effects of residual phospholipids on surface properties of
a soft next term-refined sunflower oil: application to stabilization of sauce-types' emulsions[J].
Food Hydrocolloids, 25: 613-619

Michalski M C, Genot C, Gayet C, et al. 2013. Multiscale structures of lipids in foods as parameters affecting fatty acid bioavailability and lipid metabolism[J]. Progress in Lipid Research, 52(4): 354-373

Mistry B S, Min D B. 2010. Prooxidant effects of monoglycerides and diglycerides in soybean oil[J]. Journal of Food Science, 53(6): 1896-1897

Mitra K, Lee J H, Lee K T, et al. 2010. Production tactic and physiochemical properties of low $\omega 6/\omega 3$ ratio structured lipid synthesised from perilla and soybean oil[J]. International Journal of Food Science & Technology, 45(7): 1321-1329

Miura K, Kikuzaki H, Nakatani N. 2001. Antioxidant activity of chemical components from sage (*Salvia officinalis* L.) and thyme (*Thymus vulgaris* L.) measured by the oil stability index method[J]. Journal of Agricultural and Food Chemistry, 50(7): 1845-1851

Morales-Medina R, Munio M, Guadix A, et al. 2017. Development of an up-grading process to produce MLM structured lipids from sardine discards[J]. Food Chemistry, 228: 634-642

Moreira D K T, Santos P S, Gambero A, et al. 2017. Evaluation of structured lipids with behenic acid in the prevention of obesity[J]. Food Research International, 95: 52-58

Mori T A, Beilin L J. 2004. Omega-3 fatty acids and inflammation[J]. Current Atherosclerosis Reports, 6(6): 461-467

Mu H, Høy C E. 2004. The digestion of dietary triacylglycerols[J]. Progress in Lipid Research, 43(2): 105-133

Mu H, Porsgaard T. 2005. The metabolism of structured triacylglycerols[J]. Progress in Lipid Research, 44(6): 430-448

Nagachinta S, Akoh C C. 2013. Synthesis of structured lipid enriched with omega fatty acids and *sn*-2 palmitic acid by enzymatic esterification and its incorporation in powdered infant formula[J]. Journal of Agricultural and Food Chemistry, 61(18): 4455-4463

Nagao K, Yanagita T. 2008. Bioactive lipids in metabolic syndrome[J]. Progress in Lipid Research, 47(2): 127-146

Nagata J I, Kasai M, Negishi S, et al. 2004. Effects of structured lipids containing eicosapentaenoic or docosahexaenoic acid and caprylic acid on serum and liver lipid profiles in rats[J]. BioFactors, 22(1): 157-160

Nagata J, Kasai M, Watanabe S, et al. 2003. Effects of highly purified structured lipids containing medium-chain fatty acids and linoleic acid on lipid profiles in rats[J]. Bioscience, Biotechnology, and Biochemistry, 67: 1937-1943

Nair M G, Jayaprakasam B. 2002. Physiological effects of medium-chain triglycerides: potentialagents in the prevention of obesity[J]. Journal of Nutrition, 132: 329-332

Natália M O, Dubreucq E, Fonseca M M, et al. 2009. Operational stability of immobilised lipase/acyltransferase during interesterification of fat blends[J]. European Journal of Lipid Science and Technology, 111(4): 358-367

Nielsen N S, Ttsche J R, Holm J, et al. 2005. Effect of structured lipids based on fish oil on the growth and fatty acid composition in rainbow trout (*Oncorhynchus mykiss*)[J]. Aquaculture, 250(1-2): 411-423

Nielsen N S, Yang T, Xu X, et al. 2006. Production and oxidative stability of a human milk fat substitute produced from lard by enzyme technology in a pilot packed-bed reactor[J]. Food Chemistry, 94(1): 53-60

Nielsen P M, Rancke-Madsen A, Holm H C, et al. 2016. Production of biodiesel using liquid lipase formulations[J]. Journal of the American Oil Chemists Society, 93(7): 905-910

Norizzah A R, Norsyamimi M, Zaliha O, et al. 2015. Physicochemical properties of palm oil and palm kernel oil blend fractions after interesterification[J]. International Food Research Journal, 22(4): 1390-1395

Nowacki J, Lee H C, Lien R, et al. 2014. Stool fatty acid soaps, stool consistency and gastrointestinal tolerance in term infants fed infant formulas containing high sn-2 palmitate with or without oligofructose: a double-blind, randomized clinical trial[J]. Nutrition Journal, 13(1): 105

Nuchi C D, McClements D J, Decker E A. 2001. Impact of tween 20 hydroperoxides and iron on the oxidation of methyl linoleate and salmon oil dispersions[J]. Journal of Agricultural and Food Chemistry, 49(10): 4912-4916

Nunes P A, Pires-Cabral P, Guillén M, et al. 2012. Batch operational stability of immobilized heterologous *Rhizopus oryzae* lipase during acidolysis of virgin olive oil with medium-chain fatty acids[J]. Biochemical Engineering Journal, 67(15): 265-268

Nykter M. 2006. Quality characteristics of edible linseed oil[J]. Agricultural and Food Science, 15: 402-413

Ochoa-Flores A A, Hernandez-Becerra J A, Cavazos-Garduho A, et al. 2017. Optimization of the synthesis of structured phosphatidylcholine with medium chain fatty acid[J]. Journal of Oleo Science, 66(11): 1207-1215

Öğütcü M, Temizkan R, Arifoğlu N, et al. 2015. Structure and stability of fish oil organogels prepared with sunflower wax and monoglyceride[J]. Journal of Oleo Science, 64(7): 713-720

Ohno Y. 2002. Deep-frying oil properties of diacylglycerol-rich cooking oil[J]. Journal of Oleo Science, 51(4): 275-279

Osborn H T, Akoh C C. 2002. Structured lipids-novel fats with medical, nutraceutical, and food applications[J]. Comprehensive Reviews in Food Science and Food Safety, 1(3): 110-120

Pang N, Gu S S, Wang J, et al. 2013. A novel chemoenzymatic synthesis of propyl caffeate using lipase-catalyzed transesterification in ionic liquid[J]. Bioresource Technology, 139(13): 337-342

Parniakov O, Apicella E, Koubaa M. et al. 2015. Ultrasound-assisted green solvent extraction of high-added value compounds from microalgae *Nannochloropsis* spp. [J]. Bioresource Technology, 198: 262-267

Pfeffer J, Freund A, Bel-Rhlid R, et al. 2007. Highly efficient enzymatic synthesis of 2-monoacylglycerides and structured lipids and their production on a technical scale[J]. Lipids, 42(10): 947-953

Pina-Rodriguez A M, Akoh C C. 2010. Composition and oxidative stability of a structured lipid from amaranth oil in a milk-based infant formula[J]. Journal of Food Science, 75(2): C140-C146

Pingret D, Fabiano-Tixier A S, Chemat F. 2013. Degradation during application of ultrasound in food processing: a review[J]. Food Control, 31: 593-606

Piyatheerawong W, Iwasaki Y, Xu X, et al. 2004. Dependency of water concentration on ethanolysis of trioleoylglycerol by lipases[J]. Journal of Molecular Catalysis B Enzymatic, 28(1): 19-24

Pokharkar V, Patil-Gadhe A, Kaur G. 2017. Physicochemical and pharmacokinetic evaluation of rosuvastatin loaded nanostructured lipid carriers: influence of long- and medium-chain fatty acid mixture[J]. Journal of Pharmaceutical Investigation, 48(7): 1-12

Porsgaard T, Xu X, Göttsche J, et al. 2005. Differences in the intramolecular structure of structured oils do not affect pancreatic lipase activity *in vitro* or the absorption by rats of (*n*-3) fatty acids[J]. Journal of Nutrition, 135(7): 1705

Porsgaard T, Høy C E. 2000. Lymphatic transport in rats of several dietary fats differing in fatty acid profile and triacylglycerol structure[J]. Journal of Nutrition. 130(6): 1619-1624

Presa-Owens S D L, López-Sabater M C, Rivero-Urgell M. 1996Fatty acid composition of human milk in spain[J]. Journal of Pediatric Gastroenterology and Nutrition, 22(2): 180-185

Qurat-ul-Ain, Zia K M, Zia F. 2016. Lipid functionalized biopolymers: a review[J]. International Journal of Biological Macromolecules, 93: 1057-1068

Rao P G P, Rao G N, Satyanarayana A, et al. 2010. Studies on chutney powders based on tamarind (*Tamarindus indica* L.) leaves[J]. Foodservice Research International, 15(1): 13-24

Rashid N A, Norsyamimi L, Omar Z, et al. 2015. Physicochemical properties of palm oil and palm kernel oil blend fractions after interesterification[J]. International Food Research Journal, 22(4): 1390-1395

Reda S Y. 2011. Evaluation of antioxidants stability by thermal analysis and its protective effect in heated edible vegetable oil[J]. Ciência E Tecnologia De Alimentos, 31(2): 475-480

Rocha-Uribe A, Hernandez E. 2008. Effect of conjugated linoleic acid and fatty acid positional distribution on physicochemical properties of structured lipids[J]. Journal of the American Oil Chemists' Society, 85: 997-1004

Rodríguez A, Esteban L, Martín L, et al. 2012. Synthesis of 2-monoacylglycerols and structured triacylglycerols rich in polyunsaturated fatty acids by enzyme catalyzed reactions[J]. Enzyme and Microbial Technology, 51(3): 148-155

Rousseau D. 2013. Trends in structuring edible emulsions with pickering fat crystals[J]. Current Opinion in Colloid & Interface Science, 18(4): 283-291

Ruíz A, Ayora C M J, Lendl B. 2001. A rapid method for peroxide value determination in edible oils based on flow analysis with Fourier transform infrared spectroscopic detection[J]. Analyst, 126(2): 242-246

Şahin-Yeşilçubuk N, Akoh C C. 2017. Biotechnological and novel approaches for designing structured lipids intended for infant nutrition[J]. Journal of the American Oil Chemists' Society, 94(1): 1005-1034

Saito S, Tomonobu K, Hase T, et al. 2006. Effects of diacylglycerol on postprandial energyexpenditure and respiratory quotient in healthy subjects[J]. Nutrition, 22: 30-35

Sanders T A, Berry S E, Miller G J. 2003. Influence of triacylglycerol structure on the postprandial response of factor VII to stearic acid rich fats[J]. American Journal of Clinical Nutrition, 77(4): 777-782

Schirmer M A, Phinney S D. 2007. γ-Linolenate reduces weight regain in formerly obese humans[J].

The Journal of Nutrition, 137(6): 1430-1435

Schmid U, Bornscheuer U T, Soumanou M M, et al. 2015. Highly selective synthesis of 1, 3-oleoyl-2-palmitoylglycerol by lipase catalysis[J]. Biotechnology & Bioengineering, 64(6): 678-684

Schwarz K, Bertelsen G, Nissen L R, et al. 2001. Investigation of plant extracts for the protection of processed foods against lipid oxidation. Comparison of antioxidant assays based on radical scavenging, lipid oxidation and analysis of the principal antioxidant compounds[J]. European Food Research & Technology, 212(3): 319-328

Senanayake S P, Shahidi F. 2002. Structured lipids via lipase-catalyzed incorporation of eicosapentaenoic acid into borage (*Borago officinalis* L.) and evening primrose (*Oenothera biennis* L.) oils[J]. Journal of Agricultural and Food Chemistry, 50(3): 477-483

Sengupta A, Ghosh M. I2011. ntegrity of erythrocytes of hypercholesterolemic and normocholesterolemic rats during ingestion of different structured lipids[J]. European Journal of Nutrition, 50(6): 411-419

Sengupta A, Ghosh M. 2010. Modulation of platelet aggregation, haematological and histological parameters by structured lipids on hypercholesterolaemic rats[J]. Lipids, 45(5): 393-400

Shahidi F, Pegg R B. 2010. Hexanal as an indicator of meat flavor deterioration[J]. Journal of Food Lipids, 1(3): 177-186

Shahidi F, Spurvey S A. 2010. Oxidative stability of fresh and heat-processed dark and light muscles of mackerel (*Scomber scombrus*)[J]. Journal of Food Lipids, 3(1): 13-25

Shahidi F, Wanasundara U N, Akoh C C, et al. 2002. Methods for measuring oxidative rancidity in fats and oils[J]. Food Lipids Chemistry Nutrition & Biotechnology, 21(5): 234-239

Sim E T, Valero F, Tecel O C, et al. 2014. Production of human milk fat substitutes catalyzed by a heterologous rhizopusoryzae lipase and commercial lipases[J]. Journal of the American Oil Chemists Society, 91(3): 411-419

Sintang M D B, Danthine S, Brown A. 2017. Phytosterols-induced viscoelasticity of oleogels prepared by using monoglycerides[J]. Food Research International, 100: 832-840

Siri-Tarino P W, Sun Q, Hu F B, et al. 2010. Saturated fatty acids and risk of coronary heart disease: modulation by replacement nutrients[J]. Current Atherosclerosis Reports, 12(6): 384-390

Sivakanthan S, Jayasooriya A P, Madhujith T. 2019. Optimization of the production of structured lipid by enzymatic interesterification from coconut (*Cocos nucifera*) oil and sesame (*Sesamum indicum*) oil using response surface methodology[J]. LWT-Food Science and Technology, 101: 723-730

Snehal M, Parag G, Jyotsna W, et al. 2018. Intensified synthesis of structured lipids from oleic acid rich moringa oil in the presence of supercritical CO_2[J]. Food and Bioproducts Processing, 112: 843-849

Solaesa A G, Sanz M T, Falkeborg M, et al. 2016. Production and concentration of monoacylglycerols rich in omega-3 polyunsaturated fatty acids by enzymatic glycerolysis and molecular distillation[J]. Food Chemistry, 190: 960-967

Soumanou M M, Pérignon M, Villeneuve P. 2013. Lipase-catalyzed interesterification reactions for human milk fat substitutes production: a review[J]. European Journal of Lipid Science & Technology, 115: 270-285

Sousa V, Campos V, Nunes P, et al. 2018. Incorporation of capric acid in pumpkin seed oil by *sn*-1, 3 regioselective lipase-catalyzed acidolysis[J]. Oils & Fats Crops and Lipids, 25(3): A302-305

Stenson W F, Cort D, Rodgers J, et al. 1992. Dietary supplementation with fish oil inulcerative colitis[J]. Annals of Internal Medicine, 116(8): 609-614

Subajiny S, Anura P J, Terrence M. 2019. Optimization of the production of structured lipid by enzymatic interesterification from coconut (*Cocos nucifera*) oil and sesame (*Sesamum indicum*) oil using Response Surface Methodology[J]. LWT-Food Science and Technology, 101: 723-730

Sun S, Hu B. 2017. Enzymatic preparation of novel caffeoyl structured lipids using monoacylglycerols as caffeoyl acceptor and transesterification mechanism[J]. Biochemical Engineering Journal, 124: 78-87

Sun S, Wang P, Zhu S. 2017. Enzymatic incorporation of caffeoyl into castor oil to prepare the novel castor oil-based caffeoyl structured lipids[J]. Journal of Biotechnology, 249: 66-72

Sutherland B, Strong P, King J C. 2016. SN2-palmitate reduces fatty acid excretion in Chinese formula-fed infants[J]. Journal of Pediatric Gastroenterology & Nutrition, 62(2): 341

Taguchi H, Watanabe H, Onizawa K, et al. 2000. Double-blind controlled study on the effectsof dietary diacylglycerol on postprandial serum and chylomicron triacylglycerolresponses in healthy humans[J]. Journal of the American College of Nutrition, 19: 789-796

Tan C P, Che M Y, Selamat J, et al. 2002. Comparative studies of oxidative stability of edible oils by differential scanning calorimetry and oxidative stability index methods[J]. Food Chemistry, 76(3): 385-389

Tang W, Wang X, Huang J, et al. 2015. A novel method for the synthesis of symmetrical triacylglycerols by enzymatic transesterification[J]. Bioresource Technology, 196: 559-565

Teichert S A, Akoh C C. 2011. Modification of stearidonic acid soybean oil by enzym atic acidolysis for the production of human milk fat analogues[J]. Journal of Agricultural and Food Chemistry, 59: 13300-13310

Teichert S, Akoh C C. 2011. Characterization of stearidonic acid soybean oil enriched with palmitic acid produced by solvent-free enzymatic interesterification[J]. Journal of Agricultural & Food Chemistry, 59(17): 9588-3595

Thomsen M K, Kristensen D, Skibsted L H. 2000. Electron spin resonance spectroscopy for determination of the oxidative stability of foods lipids[J]. Journal of the American Oil Chemists Society, 77(7): 725-730

Toro-Vazquez J F, Morales-Rueda J A, Dibildox-Alvarado E, et al. 2007. Thermal and textural properties of organogels developed by candelilla wax in safflower oil[J]. Journal of the American Oil Chemists Society, 84(11): 989-1000

Trentin C M, Popiolki A S, Batistella L, et al. 2015. Enzyme-catalyzed production of biodiesel by ultrasound-assisted ethanolysis of soybean oil in solvent-free system[J]. Bioprocess and Biosystems Engineering, 38(3): 437-448

Tuomasjukka S S, Matti H, Viitanen W, et al. 2009. Regio-distribution of stearic acid is not conserved in chylomicrons after ingestion of randomised, stearic acid-rich fat in a single meal[J]. Journal of Nutritional Biochemistry, 20(11): 909-915

Turon F, Bachain P, Caro Y, et al. 2002. A direct method for regiospecific analysis of TAG using α-MAG[J]. Lipids, 37(8): 817-821

Uluata S, Mcclements D J, Decker E A. 2015. How the multiple antioxidant properties of ascorbic acid affect lipid oxidation in oil-in-water emulsions[J]. Journal of Agricultural and Food Chemistry, 63(6): 1819-1824

Upadhyay R, Sehwag S, Niwas M H. 2017. Chemometric approach to develop frying stable sunflower oil blends stabilized with oleoresin rosemary and ascorbyl palmitate[J]. Food Chemistry, 218(1): 496-504

Villeneuve P, Barouh N, Baréa B, et al. 2007. Chemoenzymatic synthesis of structured triacylglycerols with conjugated linoleic acids (CLA) in central position[J]. Food Chemistry, 100(4): 1443-1452

Wanasundara U N, Shahidi F. 1994. Canola extract as an alternative natural antioxidant for canola oil[J]. Journal of the American Oil Chemists' Society, 71(8): 817-822

Wang J, Wang X D, Zhao X Y, et al. 2015. From microalgae oil to produce novel structured triacylglycerols enriched with unsaturated fatty acids[J]. Bioresource Technology, 184: 405-414

Wang Q, Decker E A, Rao J, et al. 2019. A combination of monoacylglycerol crystalline network and hydrophilic antioxidants synergistically enhances the oxidative stability of gelled algae oil[J]. Food & Function, 10: 315-324

Wang X, Zou S, Miu Z, et al. 2019. Enzymatic preparation of structured triacylglycerols with arachidonic and palmitic acids at the *sn*-2 position for infant formula use [J]. Food Chem, 283: 331-337

Wang Y, Xia L, Xu X, et al. 2012. Lipase-catalyzed acidolysis of canola oil with caprylic acid to produce medium-, long- and medium-chain-type structured lipids[J]. Food and Bioproducts Processing, 90(4): 707-712

Waraho T, Cardenia V, Nishino Y, et al. 2012. Antioxidant effects of mono- and diacylglycerols in non-stripped and stripped soybean oil-in-water emulsions[J]. Food Research International, 48(2): 353-358

Waraho T, Cardenia V, Rodriguez-Estrada M T, et al. 2009. Prooxidant mechanisms of free fatty acids in stripped soybean oil-in-water emulsions[J]. Journal of Agricultural and Food Chemistry, 57(15): 7112-7117

Wei W, Feng Y, Xi Z, et al. 2015. Synthesis of structured lipid 1, 3-dioleoyl-2-palmitoylglycerol in both solvent and solvent-free system[J]. LWT - Food Science and Technology, 60(2): 1187-1194

Wood J D, Enser M, Fisher A V, et al. 2008. Fat deposition, fatty acid composition and meat quality: a review[J]. Meat Science, 78(4): 343-358

Xie W, Hu P. 2016. Production of structured lipids containing medium-chain fatty acids by soybean oil acidolysis using SBA-15-pr-NH$_2$-HPW catalyst in a heterogeneous manner[J]. Organic Process Research & Development, 20(3): 663-674

Xu X. 2015. Enzymatic processing of omega-3 long chain polyunsaturated fatty acid oils[J]. Current

Nutrition & Food Science, 11(3): 167-176

Xu X. 2015. Production of specific-structured triacylglycerols by lipase-catalyzed reactions: a review[J]. European Journal of Lipid Science & Technology, 102(4): 287-303

Yang B O, Wang W, Zeng F, et al. 2011. Production and oxidative stability of a soybean oil containing conjugated linoleic acid produced by lipase catalysis[J]. Journal of Food Biochemistry, 35(6): 1612-1618

Yang C F, Wang Y H, Yang B. 2011. Synthesis of structured lipids from tuna oil catalyzed by lipase[J]. Farm Machinery, 35: 36-39

Yılmaz E, Öğütcü M, Arifoglu N. 2015. Assessment of thermal and textural characteristics and consumer preferences of lemon and strawberry flavored fish oil organogels[J]. Journal of Oleo Science, 64(10): 193-208

Yu C, Suijian Q, Yang Z, et al. 2013. Synthesis of structured lipids by lipase-catalyzed interesterification of triacetin with camellia oil methyl esters and preliminary evaluation of their plasma lipid-lowering effect in mice[J]. Molecules, 18(4): 3733-3744

Zetzl A K, Marangoni A G, Barbut S. 2012. Mechanical properties of ethylcellulose oleogels and their potential for saturated fat reduction in frankfurters[J]. Food & Function, 3(3): 327-337

Zetzl A, Ollivon M, Marangoni A. 2009. A coupled differential scanning calorimetry and X-ray study of the mesomorphic phases of monostearin and stearic acid in water[J]. Crystal Growth & Design, 9(9): 3928-3933

Zhang H, Zhao H, Zhang Y, et al. 2018. Characterization of positional distribution of fatty acids and triacylglycerol molecular compositions of marine fish oils rich in omega-3 polyunsaturated fatty acids[J]. BioMed Research International, 10: 1432-1439

Zhang J C, Zhang C, Zhao L, et al. 2014. Lipase-catalyzed synthesis of sucrose fatty acid ester and the mechanism of ultrasonic promoting esterification reaction in non-aqueous media[J]. Advanced Materials Researc, 881-883: 35-41

Zhang Y, Wang X, Zou S, et al. 2018. Synthesis of 2-docosahexaenoylglycerol by enzymatic ethanolysis[J]. Bioresource Technology, 251: 334-340

Zheng M M, Wang L, Huang F H, et al. 2013. Ultrasound irradiation promoted lipase-catalyzed synthesis of flavonoid esters with unsaturated fatty acids[J]. Journal of Molecular Catalysis B Enzymatic, 95: 82-88

Zheng M M, Wang L, Huang F H, et al. 2018. Ultrasonic pretreatment for lipase-catalyed synthesis of phytosterol esters with different acyl donors[J]. Ultrasonics Sonochemistry, 19(5): 1015-1020

Zhu X M, Hu J N, Xue C L, et al. 2012. Physiochemical and oxidative stability of interesterified structured lipid for soft margarine fat containing 5-UPIFAs[J]. Food Chemistry, 131(2): 533-540

Zou L, Pande G, Akoh C C. 2016. Infant formula fat analogs and human milk fat: new focus on infant developmental needs[J]. Annual Review of Food Science and Technology, 7(1): 139-165

Zou X, Huang J, Jin Q, et al. 2014. Preparation of human milk fat substitutes from lard by lipase-catalyzed interesterification based on triacylglycerol profiles[J]. Journal of the American Oil Chemists' Society, 91(12): 1987-1998

附录 缩略词表

缩写	英文	中文
1,2,3C-TAG	tricaprylin	三辛酸甘油三酯
1,3C-2D-TAG	1,3-dioleoyl-2-docosahexaenoic-glycerol	1,3-二辛酸-2-二十二碳六烯酸甘油三酯
1,3C-DAG	1,3-dioleoylglycerol	1,3-二辛酸甘油二酯
^{13}C NMR	nuclear magnetic resonance spectroscopy	核磁共振碳谱
2D-MAG	2-docosahexaenoic-monoacylglycerols	2-二十二碳六烯酸甘油一酯
2-MAG	2-monoacylglycerols	2-甘油一酯（sn-2 单甘酯）
AA	arachidonic acid	二十碳四烯酸
CLA	conjugated linoleic acid	共轭亚油酸
DAGs	diacylglycerols	甘油二酯（廿二酯）
DHA	docosahexaenoic acid	二十二碳六烯酸
DSC	differential scanning calorimeter	差示扫描量热
EPA	eicosatetraeonic acid	二十碳五烯酸
FFA	free fatty acid	游离脂肪酸
HPLC	high performance liquid chromatography	高效液相色谱
LCFA	long-chain fatty acids	长链脂肪酸
LCT	long-chain triacylglycerols	长链甘油三酯
LH	lipid hydroperoxides	氢过氧化物
MAGs	monoacylglycerols	甘油一酯（单甘酯）
MCFA	medium chain fatty acids	中链脂肪酸
MCT	medium-chain triacylglycerols	中链甘油三酯
MLM	medium-long-medium-chain triacylglycerols	中长中链结构脂
MML	medium-medium-long-chain triacylglycerols	中中长链结构脂
MUFA	monounsaturated fatty acid	单不饱和脂肪酸
n-3 LC-PUFA	n-3 long polyunsaturated fatty acid	n-3 长链多不饱和脂肪酸
OPO	1,3-dioleoyl-2-palmitoyl-glycerol	1,3-二油酸-2-棕榈酸甘油三酯

续表

缩写	英文	中文
PUFA	polyunsaturated fatty acid	多不饱和脂肪酸
R_f	ratio shift	比移值
SFA	saturated fatty acid	饱和脂肪酸
SL	structured lipids	结构脂
SSO	stripped soybean oil	纯化大豆油
TAGs	triacylglycerols	甘油三酯（甘三酯）
TLC	thin-layer chromatography	薄层色谱
UFA	unsaturated fatty acid	不饱和脂肪酸
α-TOH	α-Tocopherol	α-生育酚